西方生命美学经典名著导读丛书

潘知常
主编

通向未来美学的途中

尼采《悲剧的诞生》导读

肖建华
著

江苏凤凰文艺出版社
JIANGSU PHOENIX LITERATURE AND
ART PUBLISHING

图书在版编目（CIP）数据

通向未来美学的途中：尼采《悲剧的诞生》导读 /
肖建华著. —南京：江苏凤凰文艺出版社，2023.5
（西方生命美学经典名著导读丛书）
ISBN 978 - 7 - 5594 - 7587 - 9

Ⅰ.①通…　Ⅱ.①肖…　Ⅲ.①尼采（Nietzsche，
Friedrich Wilhelm 1844—1900）—美学理论—研究　Ⅳ.
①B83 - 095.16

中国国家版本馆 CIP 数据核字（2023）第 038128 号

通向未来美学的途中：
尼采《悲剧的诞生》导读

肖建华　著

出 版 人	张在健	
责任编辑	孙金荣	
责任印制	刘　巍	
出版发行	江苏凤凰文艺出版社	
	南京市中央路 165 号，邮编：210009	
网　　址	http://www.jswenyi.com	
印　　刷	苏州市越洋印刷有限公司	
开　　本	787 毫米×1092 毫米　1/32	
印　　张	8.5	
字　　数	173 千字	
版　　次	2023 年 5 月第 1 版	
印　　次	2023 年 5 月第 1 次印刷	
书　　号	ISBN 978 - 7 - 5594 - 7587 - 9	
定　　价	48.00 元	

江苏凤凰文艺版图书凡印刷、装订错误，可向出版社调换，联系电话 025 - 83280257

"生命为体,中西为用"

——"西方生命美学经典名著导读丛书"序言

潘知常

众所周知,中国当代的生命美学是改革开放四十年中较早破土而出的美学新探索。从 1985 年开始,迄今已经是第三十六年,已经问世三分之一世纪。

但是,中国当代的生命美学却并不是天外来客、横空出世。我多次说过,在这方面,中国 20 世纪初年从王国维起步的包括鲁迅、宗白华、方东美、朱光潜在内的生命美学探索堪称最早的开拓,源远流长的中国古代美学则当属源头。同时,它与西方 19 世纪上半期到 20 世纪上半期出现的生命美学思潮,更无疑心有灵犀。遗憾的是,这一切却很少有学人去认真考察。例如,李泽厚先生就是几十年一贯制地开口闭口都把生命美学的"生命"贬为"动物的生命"。而且,作为中国当代最为著名的美学大家,后期的他尽管一直生活在美国,不屑了了解中国自古迄今的生命美学也就罢了,但是对于西方的生命美学也始终不屑去了解,实在令人惊叹。当然,这也并非孤例,例如,德国学者费迪南·费尔曼就发现:"就是在今天,生命哲学对许多人来说仍然是十分可疑的现象:最常听到的批判是生命哲学破坏理性,是非理性主义和早期法西斯主义。"①为此,他更不无痛心地警示:"如果到现在还有人这么想问题,应该说是故意抬高了精神的敌人。"②

　　一般而言,在西方,对于生命美学的提倡,最早的源头,也许可以追溯到奥古斯丁的《忏悔录》。而在18世纪下半叶,德国浪漫主义美学家奥古斯特·施莱格尔和弗里德里希·施莱格尔兄弟在《关于文学与艺术》和《关于诗的谈话》中则都已经用过"生命哲学"这个概念。而且,小施莱格尔在他的《关于生命哲学的三次讲演》中也提到了生命哲学。当然,按照西方美学史上的通用说法,在西方,到了19世纪上半期,生命美学才开始破土而出。不过,有人仅仅把西方的生命美学称为一个学派,其中包括狄尔泰、齐美尔、柏格森、奥伊肯、怀特海等人,或者,再加上叔本华和尼采。我的意见则完全不然。在我看来,与其把西方生命美学看作一个严格意义上的学派,不如把它看作一个宽泛意义上的思潮。这是因为,在形形色色的西方各家各派里,某些明确提及生命美学的美学,其实也并不一定完全具备生命美学的根本特征,而有些并没有明确提及生命美学的美学,却恰恰完全具备了生命美学的根本特征。

　　这是因为,西方美学,到尼采为止,一共出现过三种美学追问方式:神性的、理性的和生命(感性)的。也就是说,西方

---

① 〔德〕费迪南·费尔曼:《生命哲学》,李健鸣译,华夏出版社2002年版,第2页。

② 〔德〕费迪南·费尔曼:《生命哲学》,李健鸣译,华夏出版社2002年版,第2页。

曾经借助了三个角度追问审美与艺术的奥秘：以"神性"为视界、以"理性"为视界以及以"生命"为视界。正是从尼采开始，以"神性"为视界的美学终结了，以"理性"为视界的美学也终结了，而以"生命"为视界的美学则正式开始了。具体来说，在美学研究中，过去"至善目的"与神学目的都是理所当然的终点，道德神学与神学道德，以及理性主义的目的论与宗教神学的目的论则是其中的思想轨迹。美学家的工作，就是先以此为基础去解释生存的合理性，然后，再把审美与艺术作为这种解释的附庸，并且规范在神性世界、理性世界内，并赋予其不无屈辱的合法地位。理所当然的，是神学本质或者伦理本质牢牢地规范着审美与艺术的本质。显然，这都是一些神性思维或者"理性思维的英雄们"，当然，也正如叔本华这个诚实的欧洲大男孩慨叹的："最优秀的思想家在这块礁石上垮掉了。"①然而，尼采却完全不同。正如巴雷特发现："既然诸神已经死去，人就走向了成熟的第一步。""人必须活着而不需要任何宗教的或形而上学的安慰。假若人类的命运肯定要成为无神的，那么，他尼采一定会被选为预言家，成为有勇气的不可缺少的榜样。"②尼采指出：审美和艺术的理由再也不能在审美和艺术之外去寻找。这也就是说，神性与理性，过去都曾经一度作为审美与艺术得以存在的理由，可是现在不同了，尼采毅然决然地回到了审美与艺术本身，从审美与艺术本身去解释

① ［德］叔本华：《自然界中的意志》，任立等译，商务印书馆 1997 年版，第 146 页。
② ［美］巴雷特：《非理性的人》，杨照明等译，商务印书馆 1999 年版，第 183 页。

审美与艺术的合理性,并且把审美与艺术本身作为生命本身,或者,把生命本身看作审美与艺术本身,结论是:真正的审美与艺术就是生命本身。人之为人,以审美与艺术作为生存方式。"生命即审美","审美即生命"。也因此,审美和艺术不需要外在的理由——我说得犀利一点,并且也不需要实践的理由。审美就是审美的理由,艺术就是艺术的理由,犹如生命就是生命的理由。

于是,西方美学家们终于发现:天地人生,审美为大。审美与艺术,就是生命的必然与必需。在审美与艺术中,人类享受了生命,也生成了生命。这样一来,审美活动与生命自身的自组织、自协同的深层关系就被第一次发现了。因此,理所当然的是,传统的从神性、理性去解释审美与艺术的角度,也就被置换为从生命的角度。在这里,对于审美与艺术之谜的解答同时就是对于人的生命之谜的解答的觉察,回到生命也就是回到审美与艺术。生命因此而重建,美学也因此而重建。生命,是美学研究的"阿基米德点",是美学研究的"哥德巴赫猜想",也是美学研究的"金手指"。从生命出发,就有美学;不从生命出发,就没有美学。它意味着生命之为生命,其实也就是自鼓励、自反馈、自组织、自协同而已,不存在神性的遥控,也不存在理性的制约。美学之为美学,则无非是从生命的自鼓励、自反馈、自组织、自协同入手,为审美与艺术提供答案,也为生命本身提供答案。也许,这就是齐美尔为什么要以"生命"作为核心观念,去概括19世纪末以来的思想演进的深意:"在古希腊古典主义者看来,核心观念就是存在的观念,中世纪基督教取而代之,直接把上帝的概念作为全部现实的源泉和目的,文艺复兴以来,这种地位逐渐为自然的概念所占据,17世纪围绕着自然建立起了自己的观念,这在当时实际上是唯一有效的观念。直到这个时代的末期,自我、灵魂的个性才作为一个新的核心观念而出现。不管19世纪的理性主义运动多么丰富多彩,也还是没有发展出一种综合的核心概念。只是到了这个世纪的末叶,一个新的概念才出现:生命的概念被提高到了中心地位,其中关于实在的观念已经同形而上学、心理学、伦理学和美学价值联系起来了。"①

波普尔说过:"我们之中的大多数人不了解在知识前沿发生了什么。"②同样,在我看来,"我们之中的大多数人"也不了解在当代美学研究"知识前沿发生了什么"。可是,倘若从生命美学思潮着眼,却不难发现,在"尼采以后",西方美学始终都在沿袭着"生命"这一主旋律。例如,柏格森、狄尔泰、怀特海等是把美学从生命拓展得更加"顶天";弗洛伊德、荣格等是把美学从生命拓展得更加"立地";海德格尔、萨特、舍勒等是把美学从生命拓展得更加"内向";马尔库塞、阿多诺等是把美学从生命拓展得更加"外向";后现代主义的美学则是把美学从生命拓展得更加"身体"。而且,其中还一以贯之了共同的东西,这就是:从生命存在本身出发而不是从理性或者神性出发去阐释生命存在的意义,并且以审美与艺术作为生命存在

---

① 〔德〕西美尔(齐美尔):《现代文化的冲突》,引自刘小枫编:《现代性中的审美精神》,学林出版社1997年版,第418—419页。

② 〔英〕波普尔:《客观知识》,舒炜光等译,上海译文出版社1987年版,第102页。

的最高境界；或者，把生命还原为审美与艺术，并且进而在此基础上追问生命存在的意义。而在他们之后，诸如贝尔的艺术论、新批评的文本理论、完形心理学美学、卡西尔和苏珊·朗格的符号美学……也都无法离开这一主旋律。而且，正是因为对于这一主旋律的发现才导致了对于审美活动的全新内涵的发现，尤其是对于审美活动的独立性内涵的发现。不可想象，倘若没有这一主旋律的发现，艺术的、形式的发现会从何而来。例如，从美术的角度考察的"有意味的形式"，从文学的角度考察的新批评，从形式的表现属性的角度考察的格式塔，从广义的角度即抽象美感与抽象对象考察的符号学美学……等等。

再回看中国。自古以来，儒家有"爱生"，道家有"养生"，墨家有"利生"，佛家有"护生"，这是为人们所熟知的。牟宗三在《中国哲学的特质》一书中也指出："中国哲学以'生命'为中心。儒道两家是中国所固有的。后来加上佛教，亦还是如此。儒释道三教是讲中国哲学所必须首先注意与了解的。二千多年来的发展，中国文化生命的最高层心灵，都是集中在这里表现。对于这方面没有兴趣，便不必讲中国哲学。对于以'生命'为中心的学问没有相应的心灵，当然亦不会了解中国哲学。"也因此，一种有机论的而不是机械论的生命观、非决定论的而不是决定论的生命观，就成为中国人的必然选择。在其中，存在着的是以生命为美，是向美而生，也是因美而在。在中国是没有创世神话的，无非是宇宙天地与人的"块然自生"。一方面，是天地自然生天生地生物的一种自生成、自组织能力，所谓"万类霜天竞自由"，另一方面，也是人类对于天地自然生天生地生物的一种自生成、自组织能力的自觉，也就是能够以"仁"为"天地万物之心"。而且，这自觉是在生生世世、永生永远以及有前生、今生、来生看到的万事万物的生生不已与逝逝不已所萌发的"继之者善也，成之者性也""参天地、赞化育"的生命责任，并且不辞以践行这一责任为"仁爱"，为终生之旨归，为最高的善，为"天地大美"。这就是所谓："一阴一阳之谓道"。重要的不是"人化自然"的"我生"，而是生态平衡的"共生"，是"阴阳相生""天地与我并生，万物与我为一"，是敬畏自然、呵护自然，是守于自由而让他物自由。《论语》有言："子罕言利，与命与仁"。在此，我们也可以变通一下：罕言利，与"生"与"仁"。在中国，宇宙天地与人融合统会为了一个巨大的生命有机体。而天人之所以可以合一，则是因为"生"与"仁"在背后遥相呼应。而且，"生"必然包含着"仁"。生即仁，仁即生。

由此不难想到，海德格尔晚年在回首自己的毕生工作时，曾经简明扼要地总结说："主要就只是诠释西方哲学。"确实，这就是海德格尔。尽管他是从对西方哲学提出根本疑问来开始自己的独创性的工作的，然而，他的可贵却并不在于推翻了西方哲学，而是恰恰在于以之作为一种极为丰富的精神资源，从而重新阐释西方哲学、复活西方哲学，并且赋予西方哲学以新的生命。显然，中国美学，也同样期待着"诠释"。作为一个内蕴丰富的义本（不只是文献），事实上，中国美学也是一种极为丰富的精神资源，不但千百年来从未枯竭，而且越开掘就越丰富。因此，越是能够回到中国美学的历史源头，就越是能够进入人类的当代世界；越是能够深入中国美学之中，也就越是能够切近 20 世纪的美学心灵。这样，不难看到，重新阐释中国美学，复活中国美学，并且赋予中国美学以新的生命，或者说，"主要就只是诠释中国美学"，无疑也应成为从 20 世纪初年出发的几代美学学者的根本追求，其重大意义与学术价值，显然无论怎样估价也不会过高。

然而，中国美学的现代诠释，也有其特定的阐释背景。经过百年来的艰难探索，美学学者应该说已经取得了一个共识，这就是：中国美学的历史实际上是一部与后人不断"对话"的历史，一部永无终结的被再"阐释"、再"释义"和再"赋义"的历史。而 20 世纪的一代又一代的美学学人的"不幸"与"大幸"却又都恰恰在于：西方生命美学思潮的作为诠释背景的出现。一方面，我们已经无法在无视西方生命美学思潮这一诠释背景的前提下与中国美学传统对话，这是我们的"不幸"；然而另一方面，我们却又有可能在西方生命美学思潮的诠释背景下与中国美学进行新的对话，有可能通过西方生命美学思潮对中国美学进行再"阐释"、再"释义"和再"赋义"（当然也可以通过中国美学对西方生命美学思潮进行再"阐释"、再"释义"和再"赋义"），从而把中国美学在过去的阐释背景中所无法显现出来的那些新性质充分显现出来，最终围绕着把中国美学与西方美学都共同带入富有成果的相互启发之中这一神圣目标，使中国美学从蒙蔽走向澄明，走向意义彰显和自我启迪，并且使其自身不断向未来敞开，达到古今中外的"视界融合"，从而把握今天的时代问题，解释人类的当代世界，这，又是我们的"大幸"！

由此出发，回顾 20 世纪，其中以西方生命美学思潮作为参照背景对中国美学予以现代诠释，应该说，就是一个最为值得关注而且颇值大力开拓的思路。何况，从王国维到鲁迅、宗白华、方东美，再到当代的众多学人，无疑也都走在这样一条思想的道路之上。他们都是从生命存在本身出发而不是从理性或者神性出发去阐释生命存在的意义，并且以审美与艺术作为生命存在的最高境界；或者，都是把生命还原为审美与艺术，并且进而在此基础上追问生命存在的意义。也因此，他们也都是不约而同地一方面立足于中国古代的生命美学，一方面从西方的生命美学思潮起步。至于朱光潜，在晚年时则曾经公开痛悔，因为他的起步本来就是从叔本华、尼采开始的，但是，后来却因为胆怯，于是才转向了克罗齐。由此，我甚至愿意设想，以朱先生的天赋与造诣，如果始终坚持一开始的选择，不是悄然退却，而是持续从叔本华、尼采奋力开拓，他的美学成就无疑应该会更大。

换言之，"后世相知或有缘"（陈寅恪），"生命为体，中西为用"，在中国当代美学的历史抉择中，也就理所当然地成了一条首先亟待考虑的康庄大道。西方生命美学思潮，是西方美学传统的终点，又是西方现代美学的真正起点，既代表着对西方美学传统的彻底反叛，又代表着对中国美学传统的历史回应，这显然就为中西美学间的历史性的邂逅提供了一个契机。抓住这样一个契机——中国美学在新世纪获得新生的一个契机，无疑有助于我们真正理解西方美学传统，也无疑有助于我们真正理解中国美学传统，更无疑有助于我们真正地实现中西美学之间的对话，从而在对话中重建中国美学传统。同时，之所以提出这一课题，还无疑是有鉴于一种对于学术研究自身的深刻反省。学术研究之为学术研究，重要的不仅仅在于要有所为，而且更在于要有所不为。每个时代、每个人都面对着历史的机遇，但是同时也面对着历史的局限。因此，也就都只能执"一管以窥天"。这样，重要的就不是"包打天下"，而是敏捷地寻找到自己所最为擅长的"一管"，当然也是最为重要的"一管"。西方生命美学思潮的作为阐释背景的出现，应该说，就是这样的"一管"（尽管，这或许是前一百年无法去执而后一百年也许就不必再去执的"一管"），也是我们在跨入新世纪之后所亟待关注的"一管"。这就犹如中国人接受佛教思想的影响，犹如吃了一顿美餐，而且这顿美餐被中国人竟然吃了一千多年之久。其中，最为重要的成果则是佛教思想中的大乘中观学说在中国开出的华严、天台、禅宗等美丽的思想之花。因此，在比拟的意义上，我们甚至可以说，西方生命美学思潮就正是当代的大乘中观学说，也正是悟入中国思想与西方思想之津梁。

这样一来，对于西方生命美学思潮的深入了解，也就成了当务之急。而且，"生命为体，中西为用"，进而言之，中国生命美学传统与西方生命美学思潮之间的对话，在我看来，起码就包括三个层面。首先是对于西方生命美学思潮与中国生命美学传统之间的内在的交会、融合、沟通加以历史的考察，亟待说明的是：在明显不同的社会历史、文化传统、思想历程中，西方生命美学思潮何以呈现出与中国生命美学传统的某种极为深刻的内在的交会、融合、沟通？其次是对于西方生命美学思潮与中国生命美学传统之间的内在的交会、融合、沟通加以比较的研究，从而把中国生命美学传统与西方生命美学思潮各自在过去的阐释背景中所无法显现出来的那些新性质充分显现出来，做到：借异质的反照以识其本相，并彰显其独特之处。最后是对于西方生命美学思潮与中国生命美学传统之间的内在的交会、融合、沟通加以理论的考察，并由此入手，去寻求中西美学会通的新的可能性和新的道路，从而深化对于中国美学和西方美学的理解，达到古今中外的"视界融合"，以把握今天的时代问题，解释我们的世界，为解决当代美学所面临的共同问题作出独特贡献。

"西方生命美学经典名著导读丛书"的出版之初衷也正是如此！

中国生命美学传统与西方生命美学思潮之间的对话无疑是一个大工程，非一日之功，也不可能毕其功于一役。为此，作为基础性的工程，我们所选择的第一步，是出版"西方生命美学经典名著导读丛书"。这是因为，只有经典名著，才是美学研究中的"热核反应堆"，也只有经典名著的学习，才是美学研究中的硬功夫。这就正如费尔巴哈所说：人就是他吃的东西。因此，每个人明天所成为的，其实也就是他今天所吃下的。也犹如布罗姆所说：莎士比亚与经典一起塑造了我们。借助经典名著，中国的美学与西方美学也在一起塑造着我们。它们凝聚而成了我们的美学家谱与心灵密码。在此意义上，任何一个美学学人都只有进入经典名著，才有机会真正生活在历史里，历史也才真正存在于我们的生活里，未来也才向我们走来。

我们的具体的做法，则是选取西方的二十位与西方的生命美学思潮直接相关的著名美学家的经典名著，再聘请国内的二十位对于相关的名家名著素有研究的美学专家，为每一部经典名著都精心撰写一部学术性的导读。我们期待，这些美学专家的"导读"，能够还原其中的所思所想、原汁原味，能够呈现其中的深度、厚度、广度和温度，并且希望能够跟读者一起去关注这些西方的生命美学经典名著怎样提出问题（美学的根本视界，所谓美学的根本规定）、怎样思考问题（美学的思维模式，所谓美学的心理规定）、怎样规定问题（美学的特定范式，所谓美学的逻辑规定）、怎样解决问题（美学的学科形态，所谓美学的构成规定），也希望能够跟读者一起去关注这些西方的生命美学经典名著是如何去表述自己的问题、如何去论证自己的思考，乃至其中的论证理由是否得当、论证结构是否合理，当然，也还希望跟读者一起去关注这些西方的生命美学经典名著中所蕴含的思想与创见，以及这些思想与创见的价值在当今安在。从而，推动着我们当代的生命美学研究能够真正将自己的思考汇入到人类智慧之流，并且能够做出自己的真正的独创。毕竟，就这些生命美学经典名著本身而言，它们都是所谓的问题之书，也是亘古以来的生命省察的继续。也许，在它们问世和思想的年代，属于它们的时代可能还没有到来。它们杀死了上帝，但却并非恶魔；它们阻击了理性，但也并非另类。它们都是偶像破坏者，但是破坏的目的却并不是希图让自己成为新的偶像。它们无非当时的最最真实的思想，也无非新时代的早产儿。它们给西方传统美学带来的，是前所未有的战栗。在它们看来，敌视生命的西方传统美学已经把生命的源头弄脏了，恢复美学曾经失去了的生命，正是它们的天命。也因此，我们或许可以恰如其分地称它们为：

现代美学的真正的诞生地和秘密。在上帝与理性之后，再也没有了救世主，人类将如何自救？既然不再以上帝为本，也不再以理性为本，以人为本的美学也就势必登场。这意味着从"理性的批判"到"文化的批判"，也从"纯粹理性批判"到"纯粹非理性批判"，显然，这些生命美学经典名著提供的就是这样的一种全新的美学，它们推动着我们去重新构架我们的生命准则，也推动着我们去重新定义我们的审美与艺术。

需要说明的是，长期以来，我们的西方美学研究往往是教材式的、通论式的、概论式的，当然，这对于亟待了解西方美学发展进程的中国当代美学学人来说，也是必要的，但是，其中也难免存在着"几滴牛奶加一杯清水"或者三分材料加七分臆测的困境，更每每事先就潜存着"预设的结论"，更不要说那种"狗熊掰棒子，掰一个丢一个"的研究路数或者那种为研究而研究、为课题而研究的研究路数了，那其实已经是学界之耻。至于其中的根本病症，则在于忘记了或者根本就不知道西方美学研究首先要去做的必须是"依语以明义"，然后，才能够"依义不依语"，也因此，长期以来，我们的西方美学研究往往进入不了美学基本理论研究的视野，也无法为美学基本理论研究提供应有的支持。因为我们的西方美学研究与我们的美学基本理论研究基本上就是完全不相关的两张皮，也是两股道上跑的车。这一点，在长期的美学基本理论研究工作中，我有着深刻的体会。值得期待的是，从西方生命美学思潮的经典名著本身的阅读、研读、精读开始，而不是从关于西方生命美学思潮的经典名著的种种通论、概论开始，从"依语以明义"开始，而不是从"依义不依语"开始，也许是一个令人欣慰的尝试。维特根斯坦曾经提示我们："我发现，在探讨哲理时不断变换姿势很重要，这样可以避免一只脚因站立太久而僵硬。"在此，我们也可以把它作为在美学研究中"不断变换姿势很重要"的一次努力，也作为意在"避免一只脚因站立太久而僵硬"的一次努力。

"生命为体，中西为用"！在未来的中国当代美学探索中，请允许我们谨以"西方生命美学经典名著导读丛书"的出版去致敬中国当代美学的未来！

是为序！

2021.6.14，端午节，南京卧龙湖，明庐

目　录

导言:对本导读原则和体例的说明

弗里德里希·威廉·尼采(Friedrich Wilhelm Nietzsche),德国著名哲学家、美学家、语文学家、诗人,1844 年 10 月 15 日出生于普鲁士萨克森州的勒肯镇洛肯村,1900 年 8 月 25 日病逝于魏玛。他平生著作很多,《悲剧的诞生》开始写于 1870 年,初版于 1872 年,是其学术生涯中第一部学术专著,其实也是其平生唯一一部较为系统的理论著作。其后期思想中很多思想观点都可在这部著作中找到萌芽,故这部著作可以视作为奠定了其后来思想发展的一个坚实的基础。而其对虚无主义、颓废主义、悲观主义的批判,对强大的生命意志的赞美和渴望,在这部著作中有着很鲜明的体现,也一直在其后来的思想发展中得到了贯穿。

尼采活着的时候,就感觉到非常地孤独,他认为自己的思想或许要等到一百年后才能被人所理解和认识:"这本书(指《敌基督者》——引者)属于极少数人。也许,他们当中甚至还没人活在世上。他们可能是那些能够理解我的查拉图斯特拉的人,我怎么可以把自己与那些如今已经有耳朵来聆听他们的人混为一谈?——只有后天才是属于我的。有些人死后方生。"①

---

① 尼采:《敌基督者》,见《尼采著作全集》第六卷,孙周兴等译,北京:商务印书馆,2016 年版,第 207 页。

1

"我自己的时代也尚未到来,有些人死后才得以诞生的。"①尼采甚至极端地说:"我们所受的最深刻和最个人的痛苦,对所有其他人来说几乎都是不可理解和无法达到的:在这里,即使邻人与我们同桌吃饭,我们对他来说依然是蔽而不显的。但无论哪里,只要我们被觉察为受苦者,则我们的痛苦就会肤浅地被解释。"②尼采这句话虽然是在批判所谓的对他人的"同情"的,但用在对其思想的理解上面依然合适,也即他时时体会到的一种思想上的孤独。但是是金子总会发光的,尼采的思想终究没有也无需等待这么久就被人认识到了其重大价值。据说西方最早在课堂上讲尼采的是丹麦文学批评家勃兰兑斯③,他说:"在我看来,弗里德里希·尼采是当前德国文学中最有趣的作家。他的名字,即便在自己的国家里,也还鲜为人知;然而,他是一位高层次的思想家,他完全值得研究,值得讨论、驳斥和理解。他正在将自己的心境传达给别人,并推动他们进行思考。而这一点,不过是他众多美好品质中的一种。"④这话是勃兰兑斯在 1889 年时说的,这时尼采还没逝世,但已发疯,那个时候的尼采还没有像现在这样著名,但其身上的思想价值、艺术价值则已经被勃兰兑斯敏锐地抓住了。尼

---

① 尼采:《瞧,这个人》,见《尼采著作全集》第六卷,孙周兴等译,北京:商务印书馆,2016 年版,第 375 页。

② 尼采:《快乐的科学》,孙周兴译,上海:上海人民出版社,2020 年版,第 311 页。

③ 陈鼓应:《悲剧哲学家尼采》,北京:三联书店,1996 年版,第 15 页。

④ 乔治·勃兰兑斯:《尼采》,安延明译,北京:中国社会科学出版社,1992 年版,第 1 页。

采思想后来在全世界的广为传播和流行,已经证明了这一点。

尼采本人身兼多重身份,无论在西方还是中国,都有十分广泛的影响,人气很高,可以说是思想界的学术明星。在西方,海德格尔对尼采情有独钟,对尼采有过十分深入的研究,写有《尼采》上下卷,从存在主义角度对尼采思想作了十分深入的剖析和精彩的阐释,还有如著名哲学家雅斯贝尔斯、洛维特等也都专门去研究了尼采,雅斯贝尔斯写有《尼采:其人其说》一书,洛维特也写过《从黑格尔到尼采》一书来探讨19世纪西方思想的转变,此外他还写有《尼采》一书。尼采不仅对现代性哲学影响巨大,对西方的后现代哲学也有深刻的影响。他对西方后现代哲学兴起之无所不在的影响,有人把这称为"尼采的幽灵",福柯、德勒兹、巴塔耶、德里达等都是尼采的信徒。福柯的知识考古学得益于尼采的谱系学思考,德勒兹对"差异与重复"的理解受到尼采的"同一者的永恒轮回"说的启示,巴塔耶崇尚尼采的那种"超道德"的追求,德里达对逻各斯中心主义的批判受到尼采的颠倒一切秩序,反传统伦理、秩序和真理观的影响。在西方,有一个叫作阿舍姆的学者"致力于考察1890至1990年间尼采对德国的影响,该研究列举出了'无政府主义者、女权主义者、纳粹分子、宗教信徒、社会主义者、马克思主义者、素食主义者、先锋派艺术家、体育爱好者和极端保守分子',他们都从尼采的著作中获得启示"①,毫无疑问,这个名单还可以不断地添加下去。由此可见,尼采对后世思想发展的影响的确不小,可以说几乎影响了后世所有人

---

① 迈克尔·坦纳:《尼采》,于洋译,南京:译林出版社,2013年版,第1页。

文社会学科的发展,在每一个思想流派身上都可以找到尼采的影子。我在网上看到过中国人民大学哲学院张旭教授的一个视频,在其中他对尼采有这样一个论述:"尼采是整个20世纪西方哲学的一个分水岭,他是19世纪和20世纪哲学的分水岭,是现代和后现代哲学的分水岭,是左派和右派的分水岭。"这个评价显然很符合理查德·罗蒂所称之为的"后尼采主义"①时代思想发展的一个事实,也说得极为到位和精当。我十分赞同张旭先生对尼采的这个论断,这个论断充分凸显了尼采在西方思想界中的重要地位,不管你是什么流派,只要你进行哲学思考,你就不可能避开尼采,你总能在尼采那里找到一点属于自己的东西。当然,这里也凸显尼采是一个思想身份颇为复杂的人,是一个充满争议性的人物,是一个转折点式的人物。

尼采离开我们已经一百多年了,但尼采思想的魅力可一点也没减少。他的思想的魅力不仅体现在其对后世哲学家思想建构的影响上,而且更加体现在其思想与当今世界时代情势的契合上,这样一种思想与社会时代的契合使得尼采哲学思想的重要意义在我们这个时代得到了更加凸显。在我们当今这样一个时代,是我们更加需要尼采而不是尼采需要我们:"尼采的启示在今日也不过时。他对基督教、道德、庸俗文化做出的批判,他以超人、永恒、力量为核心做出的超越,都呼应了今日的现实和状况。我们时代的原子化、消费主

---

① 伯恩·马格努斯、凯瑟琳·希金斯编:《尼采》,北京:三联书店,2006年版,第1页。

义、保守精神，都是对于生命的背离。在今日的世界，'重估一切价值'带着一种对文化的轻蔑，和尼采憎恨的虚无主义同为表里。"①

　　不仅在西方，尼采在我国有着十分广泛的影响力，受众颇为广泛，上至学院殿堂，下至贩夫走卒、青年学生，可能都会跟尼采打交道。高等院校、科研院所不用说了，举凡你进行人文社会科学方面的阅读和研究，不管你是在哲学系、历史系、文学系还是语言系，可能都离不开尼采。尼采在我国社会大众中的影响也很大，这可能源于报纸广播电视中会提到他的人生故事，比如他的发疯的经历，比如他的思想后来被纳粹所利用等等。在一些社会青年、青年学生、文艺青年中，尼采的影响尤大，尼采一直被视为有个性的、能够特立独行的一个思想家，这可能更多地源于他后期的格言警句式的写作，他的一些名言警句比如"每一个不曾起舞的日子，都是对生命的辜负""我们走得太快，是该停下来等等自己的灵魂了""当你在凝视深渊的时候，深渊也在凝视着你""谦逊基于力量，高傲基于无能"，等等，是经常被一些人拿来当名人名言引用或作为自己的人生箴言和信条的，这一点倒是跟叔本华在我国大众中的影响相类似。

　　在学术界，自从梁启超、王国维等先贤阅读、介绍和引进尼采以来，尼采就成为我们学界中的一个"必读"对象，当代不用说了，研究非常之多，我用知网检索了一下，搜索篇名中含"尼采"的论文共计 2613 篇，以"尼采"为关键词进行搜索共计

---

① 澎湃新闻网"尼采逝世 120 周年"纪念专文：《我们这个时代仍然需要尼采》。

论文 1801 篇，以"尼采"主题进行搜索共计论文 8311 篇，搜索篇名中含"悲剧的诞生"的论文共计 151 篇，以"悲剧的诞生"为关键词进行搜索共计论文 72 篇，以"悲剧的诞生"为主题进行搜索共计论文 160 篇。这些论文篇目显然并不是我国当代尼采研究的所有论文总数。我发现，在我国现代学术史上，举凡那些知名的学者，如鲁迅、谢无量、陈独秀、李大钊、蔡元培、傅斯年、胡适、沈雁冰、郁达夫、李石岑、范寿康、郭沫若、郑振铎、瞿秋白、梁宗岱、朱光潜、贺麟、徐梵澄、冯至、陈铨、林同济、孙伏园、胡绳、王元化、楚图南等等，就没有没读过和研究过尼采的，由此足可见尼采对我国思想学术界的影响是多么地大，而且这种影响自 20 世纪初开始，就从来没有断过。从尼采的很多著作在我国一译再译，研究尼采的国外著作经常译介进来，国内有关尼采研究的学术专著层出不穷的出现，甚至各种介绍和传播尼采思想的通俗性著作，如《在阿尔卑斯山与尼采相遇》①、《尼采的博客：对生活、宇宙以及万物的 42 个深度思考》②、《让尼采当你的心理师》③、《尼采的心灵咒语》④、

---

① 约翰·盖格：《在阿尔卑斯山与尼采相遇》，林志懋译，台北：商周出版公司，2019 年版。

② 马克·弗农：《尼采的博客：对生活、宇宙以及万物的 42 个深度思考》，江舒译，北京：新华出版社，2011 年版。

③ 朱贤成：《让尼采当你的心理师》，陈品芳译，台北：境好出版社，2021 年版。

④ 白取春彦编：《尼采的心灵咒语》，曹逸冰译，南京：江苏文艺出版社，2011 年版。

《尼采的锤子:哲学大师的25种思维工具》①之类的著作,也大行其道这一点,足可证明这一点。

既然尼采在我国学界和社会拥有如此广泛和巨大的影响力,那么,做一本有关其早期著作《悲剧的诞生》的导读的书,就是很有必要的了,因为这既能够迎合读者的广泛需要,又有助于尼采思想的更进一步的传播。接到潘知常老师由我来做关于尼采《悲剧的诞生》的导读,并作为其主持编撰的"西方生命美学经典名著导读"之一种的任务以后,我就开始来系统地研读尼采的相关著作。《悲剧的诞生》以前自然是读过的,但是我想,做一个这样的导读,并不太想仅仅局限于《悲剧的诞生》而来论《悲剧的诞生》,而想要放在整个尼采思想的发展这样一个更大的视野中来看待其第一部著作《悲剧的诞生》的思想及其贡献。但是读了之后,越读越没有信心,总觉得我是没有这个能力来胜任这项工作的,因为尼采的著作本来就繁多,而有关于尼采的研究资料那更是浩如烟海、汗牛充栋。我在网上曾经分别以"尼采""Nietzsche""悲剧的诞生"《悲剧的诞生》"The Birth of Tragedy"等为关键词用百度和谷歌搜索了一下相关的网页,百度搜索"尼采"有100,000,000条结果,谷歌搜索"尼采"有2,420,000条结果;百度搜索"Nietzsche"有8,600,000条结果,谷歌搜索"Nietzsche"有106,000,000条结果;百度搜索"悲剧的诞生"有8,110,000条结果,百度搜索《悲剧的诞生》"有559,000条结果,谷歌搜索"悲剧的诞生"

---

① 尼古拉斯·费恩:《尼采的锤子:哲学大师的25种思维工具》,黄惟郁译,北京:新华出版社,2010年版。

有 2,220,000 条结果,谷歌搜索"《悲剧的诞生》"有 55,000 条结果;百度搜索"The Birth of Tragedy"有 4,090,000 条结果,谷歌搜索"The Birth of Tragedy"有 106,000,000 条结果。其实,我自己在移动硬盘里就专门地建了一个"尼采"的文件夹,里面专放尼采原著和尼采研究资料,共计 3.2G,有 624 个文件。看完这些数据之后,说实话,心里确实有过短暂的气馁,心里一直想着该如何下手处理这个问题。另外,尼采的著作和研究资料不但繁多,而且其思想也颇为繁杂,并不是那么好理解和整体把握的。尼采虽然被人称为"诗人哲学家",但这个"诗人哲学家"的思想和语言表达可没那么好理解,并没有那么的诗性,《悲剧的诞生》算系统的了,尤其是其后期的一些表达,名言警句式的,虽然表面上简单,但是由于比较零碎,实则增加了系统把握的难度。那么,怎么办呢?既然接了这个任务,总得完成吧?但是,尼采在我国享有巨大的名气,阅读者众,读者都是不大好对付的,总不可能乱写一气交个差吧?那样既是对自己的不负责,也是对读者的不负责,更是对尼采的不负责。看来,还是得硬着头皮上啊。后来我转念一想,尼采不是讲"没有事实,而只有阐释"[1]吗?我对尼采的理解虽然很可能不到位,甚至有错,但我本来就没打算完全复原尼采的意图,因为我的导读也只是对尼采的千万种的阐释之一种罢了。这种想法对我来说,至少可以起到一点"精神胜利"的自我安慰的作用,让我敢于硬着头皮写下去,否则真是没这个勇

---

① 尼采:《权力意志》(上卷),孙周兴译,北京:商务印书馆,2008 年版,第362 页。

气和胆气写下去。另外，我想到了我这本导读是放在潘知常老师主编的"西方生命美学经典名著导读丛书"中的，这至少可以看作是一个研究视域吧？虽然在研究中我不一定要对着潘知常老师的"生命美学"亦步亦趋，但是彰显尼采美学思想中的生命色彩又有什么错呢？何况尼采美学思想中本来就有这样一个维度。

尼采的著作在我国虽然翻译颇多，有些著作还有多个译本，但是尼采的著作在我国其实并还没有得到完整的翻译。对于尼采的研究那就更是不得了了，光我国学界就颇为可观了，假如要算上德、英、法、意等主流学术语言文化圈之内的各种有关尼采的研究，那就更是天文数字，光靠一人之力实在是很难掌握的。也就是说，对于尼采的全部著作，至少在我写这本书的时候，是不可能全部读完的，对于有关尼采的各种研究，我更是不可能看完，不要说全部的尼采研究资料，就是全世界光对《悲剧的诞生》的研究，我也是不可能看完的。当然，这其实就预设了我此项研究的先天不足。

既然如此，在我做这个导读的时候，必然就要预先设定一些本导读的原则，否则只会成为像无头苍蝇一样乱闯乱撞，或者像盲人摸象一样摸到哪里算哪里。

首先来看在这本书里我要导读的《悲剧的诞生》所依据的版本。需要说明的是，我没有去搜集和阅读《悲剧的诞生》的德文版本，手头倒是有几本《悲剧的诞生》英文版的译本，但除了在阅读中文版时实在觉得难以理解的时候我才会去找英文版核对一下，其他时候均以中文版为主。由于时间、精力和能力有限，我也没有去把德、英版本与中文译本进行全部的互相核对。

下面这些是我搜集到的《悲剧的诞生》的不同的英译版本：

1. *The Birth of Tragedy* , Friedrich Nietzsche, Translated by Ian Johnston, Richer Resources Publications, 1938.

2. *The Birth of Tragedy and the Genealogy of Morals* , Friedrich Nietzsche, Translated by Francis Golffing, The Anchor Books, 1956.

3. *The Birth of Tragedy*: *Out of the Spirit of Music* , Friedrich Nietzsche, Translated by Shaun Whiteside, Penguin Classics, 1994.

4. *The Birth of Tragedy* , Friedrich Nietzsche, Translated by Clifton P Fadiman, Dover Publications Inc., 1995.

5. *The Birth of Tragedy* , Friedrich Nietzsche, Translated by William A. Haussmann, Barnes & Nobel, 2006.

6. *The Birth of Tragedy and Other Writings* , Friedrich Nietzsche, Translated by Ronald Speirs, Cambridge University Press, 2007.

7. *The Birth of Tragedy* , Friedrich Nietzsche, Translated by Douglas Smith, Oxford University Press, 2008.

8. *The Birth of Tragedy and the Case of Wagner* , Friedrich Nietzsche, Translated by Walter Kaufmann, Random House USA Inc, 1967.

《悲剧的诞生》在我国有很大的阅读受众，所以中文译本和版本较多，经我的统计，主要有如下一些译本和版本（这应该还是不大完全的）：

1. 悲剧的诞生：尼采美学文选，尼采著，周国平译，三联书店，1986 年版。

2. 悲剧的诞生，尼采，周国平译，台北猫头鹰出版社，2000 年版。

3. 悲剧的诞生，尼采，周国平译，华龄出版社，2001 年版。

4. 悲剧的诞生（插图版），尼采著，周国平译，广西师范大学出版社，2002 年版。

5. 悲剧的诞生，尼采著，周国平译，北岳文艺出版社，2004 年版。

6. 悲剧的诞生，尼采著，周国平译，台北左岸文化，2005 年版。

7. 悲剧的诞生：尼采美学文选，尼采著，周国平译，上海人民出版社，2009 年版。

8. 悲剧的诞生：尼采美学文选，尼采著，周国平译，上海译文出版社，2010 年版。

9. 悲剧的诞生：尼采美学文选，尼采著，周国平译，作家出版社，2012 年版。

10. 悲剧的诞生，尼采著，周国平译，北京联合出版公司，2013 年版。

11. 悲剧的诞生，尼采著，周国平译，译林出版社，2014 年版。

12. 悲剧的诞生，尼采著，周国平译，中国盲文出版社，2014 年版。

13. 悲剧的诞生，尼采著，周国平译，北京十月文艺出版社,2019 年版。

14. 悲剧的诞生,尼采著,孙周兴译,商务印书馆,2012年版。

15. 悲剧的诞生,尼采著,孙周兴译,上海人民出版社,2016 年版。

16. 悲剧的诞生,尼采著,刘崎译,台北志文出版社,1970年版。

17. 悲剧的诞生,尼采著,刘琦(刘崎)译,作家出版社,1986 年版。

18. 悲剧的诞生,尼采著,刘崎译,哈尔滨出版社,2015年版。

19. 悲剧的诞生,尼采著,刘崎译,台海出版社,2018年版。

20. 悲剧的诞生,尼采著,杨恒达译,华文出版社,2008年版。

21. 悲剧的诞生,尼采著,杨恒达译,译林出版社,2009年版。

22. 尼采全集(第一卷):悲剧的诞生 不合时宜的思考1870—1873 年遗稿,尼采著,杨恒达译,中国人民大学出版社,2013 年版。

23. 悲剧的诞生,尼采著,赵登荣译,漓江出版社,2007年版。

24. 悲剧的诞生,尼采著,赵登荣译,人民文学出版社,2022 年版。

25. 悲剧的诞生,尼采著,缪朗山译,中国人民大学出版社,1979 年版。

26.尼采文集:悲剧的诞生卷,缪朗山等译,青海人民出版社,1995 年版。

27.悲剧的诞生,尼采著,缪朗山等译,海南国际新闻出版中心,1996 年版。

28.悲剧的诞生,尼采著,缪灵珠(缪朗山)译,北京出版社,2017 年版。

29.悲剧的诞生,尼采著,李长俊译,湖南人民出版社,1986 年版。

30.悲剧的诞生,尼采著,陈伟功、王常柱译,北京出版社,2008 年版。

31.悲剧的诞生,尼采著,缪文荣译,北京工业大学出版社,2018 年版。

32.悲剧的诞生,尼采 著,张中良译,重庆出版社,2021 年版。

33.悲剧的诞生,尼采 著,潘秀玲译,中国华侨出版社,2022 年版。

在如上这些译本中,以周国平、孙周兴、缪朗山、刘崎等人的译本影响最大,其中又尤以周国平的译本一再在不同的出版社再版,所以他的译文的影响在我国学界是影响最大的,我起初阅读尼采的时候也是从读周国平先生的译本开始的,基于如上考虑,所以本导读确立的第一个原则就是:本导读以周国平先生的译本为依据。又由于周国平先生译文版本甚多,鉴于三联书店的权威性,所以本导读主要依据的是 1986 年三联书店出版的《悲剧的诞生:尼采美学文选》。

其次,是如何导读或依据于一种什么样的理念进行导读的问题。比如你面对的对象如何,你是要写给专家看的还是写给社会大众看的,同是导读,如果阅读受众不同,那么你要采用的写作语言、风格,所要传达的思想、内容,肯定是不同的。又比如你的导读是要凸显一种所谓的学术研究的"客观性"还是要凸显自己理解的主体性或独创性,这也是不同的,坚持前者会让我们在进行导读的时候更贴近原文风格,坚持后者会让我们在进行导读的时候更强调自我的观点创新,这其实也就是"我注六经"和"六经注我"的区别。在此,我确立四条原则:第一,不强求也不认为自己对原创有什么独创性的理解,但在行文中,会要求自己有一定的观点,有一定的有条理性的理解,这些观点在真正的尼采研究专家看来可能是可笑的,但怎么说那也是出自自己的阅读体验的。第二,由于坚持从自身的阅读体验出发,必然会在进行导读的时候打上自己的一点色彩,或者说带有自身的理解视域,这就导致我们在进行导读的时候,是坚持述和评并重原则的,即既有对《悲剧的诞生》文本内容的概括和综述,也有自己对《悲剧的诞生》中相关观点的评价和看法。第三,《悲剧的诞生》一共有 25 节,有的导读可能会按照文本章节进行条列式的导读,当然我们也可这么做,但我在本导读中,并不打算这么做,而是打算遵循一定的问题意识,按照自己所关心的问题或者围绕文本中所确实存在的核心问题来进行串联导读,也就是说,我们不是以原始文本的章节为纲,而是以一定的问题和概念来对文本内容进行梳理,或者以这些问题和概念来结构本书,并达到对《悲剧的诞生》整本书的文本内容的梳理和串联。第四,本导读要坚持一种整体性的眼光，即所要进行的导读，不是支离破碎的，而是：1. 在整本导读中，要整体地贯穿自己对尼采思想以及《悲剧的诞生》的理解；2. 要把《悲剧的诞生》看作一个整体，把其中表达的思想看作一个整体，梳理出尼采在其中所贯彻的哲学和美学思想体系；3.《悲剧的诞生》虽属尼采前期著作，尼采后期对《悲剧的诞生》还多有自己的批评，但我们不应该把尼采的前后期看成是断裂的两个阶段，而是要在前后期的整体发展中来看待《悲剧的诞生》中的思想内容、意义和局限，既要看到后期思想对《悲剧的诞生》的批判和超越，又要看到前后期思想的一致性也即后期思想对前期思想的继承和丰富。

下面再来说一下本导读的体例。前文其实已经指出，本导读打算以问题为纲来串联对《悲剧的诞生》的内容的梳理和自己对该书的理解。全书大概分如下几个部分：第一部分，主要是介绍尼采的生平，他的著作情况，其哲学和美学思想，以及梳理中西方学界有关《悲剧的诞生》的研究历史和进展。第二部分："尼采与希腊人：希腊感性论生命美学精神的复归"。主要从其对日神精神、酒神精神、悲剧精神的鼓吹来彰显其所谓的生命意志论，来谈其对古希腊感性论生命美学传统的复兴。事实上，尼采也是这么看的，他一直认为是自己重新发现了蕴藏在古希腊文化中的悲剧精神，复活了这一充满生命力的悲剧哲学的传统："我是第一个人，为了理解古老的、仍然丰盛乃至满溢的希腊本能，而认真对待那名为酒神的奇妙现象：它唯有从力量的过剩得到说明。谁曾探究过希腊人，如同那位当今在世的最深刻的希腊文化专家，巴塞尔的雅可比·布克哈特，那么，他就会立刻明白在这方面可以做点什么。"①第三部分："瓦格纳与尼采悲剧观的生成"。众所周知，《悲剧的诞生》就是受到瓦格纳的启发和鼓舞而写的，在《悲剧的诞生》的"前言"中，他也把该著作题献给了理查德·瓦格纳。后来，随着他与瓦格纳在思想和友谊上的决裂，在其之后的一些著作如《自我批判的尝试》《瓦格纳在拜洛伊特》《瓦格纳事件》《尼采反对瓦格纳》等之中又不断反思和批判瓦格纳。可以说，不了解瓦格纳的浪漫主义美学之于尼采的影响，就不能完整理解《悲剧的诞生》中的美学思想及其后美学思想所出现的一些变化。为此，我们必须设立专章来研究下这个问题。第四部分，主要分析《悲剧的诞生》中的核心概念"日神精神"的含义、特征及以之为基础的日神艺术类型和特征。第五部分，主要分析《悲剧的诞生》中的核心概念"酒神精神"的含义、特征及以之为基础的酒神艺术类型和特征。第六部分："悲剧中的生命意志：日神与酒神的张力与融合"。主要分析日神精神和酒神精神二者之间的关系，分析在悲剧艺术中，日神精神和酒神精神如何达到统一，并在这种相互之间构成的张力和统一关系中，使得悲剧艺术呈现出什么样的特点。第七部分：走向一种知觉现象学美学。在此，我要把尼采在《悲剧的诞生》中所体现的并在其后来的著作中持续性地通过日神精神、酒神精神、悲剧精神等概念而不断得到重申和彰显的一种来自

---

① 尼采：《偶像的黄昏》(节译)，见《悲剧的诞生：尼采美学文选》，周国平译，北京：三联书店，1986 年版，第 332 页。(以下凡涉及该书，只注书名和页码，译者、出版社和出版年份略去。)

古希腊的感性论生命美学传统，并依托于这种感性论生命美学传统而作为对其自身所瞩目的生命意志论美学进行架构性支持的主张概括为是一种"知觉现象学美学"，并在这种"知觉现象学美学"视域下来看待尼采的美学。实际上，尼采对20世纪西方的现象学研究影响巨大，所以说我们提出一种蕴藏在尼采哲学和美学中的"知觉现象学"并不是无稽之谈。尼采强调生命力、本能、欲望，像酒神一样的激情、像日神一样的梦幻，在生命的悲剧中对抗生命的痛苦，拯救生命，这些可以说都是对传统西方的意识美学的反拨。尼采大谈人的生命力，其实也就是在凸显人的身体知觉在世界中的作用，可以说，尼采开启了后来的"身体知觉现象学美学"（也可说"身体现象学美学""身体美学"）研究的先河。第八部分："结语：走向未来的艺术哲学"。尼采称自己所要建构的哲学为"未来哲学"，故而其所要建构的美学当然也可以被视作一种未来美学，其对艺术方面的美学论述也就是一种"未来的艺术哲学"。在这个部分，我们要把这个问题提出来并着重进行分析，这一点，前人讲述的并不多。

就我所看到的资料来说，目前学界有关《悲剧的诞生》的导读的专书还不是很多，我手头有德文版导读1本，英文版导读5本，其中还有一本已经译成了中文，即重庆大学出版社2016年出版的作为"拜德雅丛书"之一种的《导读尼采〈悲剧的诞生〉》，作者为道格拉斯·伯纳姆和马丁·杰辛豪森，译者为丁岩。这本书就是完全依照《悲剧的诞生》之章节顺序一一对应来进行导读的。这几本书的书目如下：

1. *The Birth of Tragedy：A Commentary*，David Len-

son, Twayne Publishers, 1987.

2. *Reading the New Nietzsche：The Birth of Tragedy*, *The Gay Science*, *Thus Spoke Zarathustra*, *and On the Genealogy of Morals*, David B. Allison, Rowman & Littlefield Publishers, 2000.

3. *The Invention of Dionysus：An Essay on The Birth of Tragedy*, James I. Porter, Stanford University Press, 2000.

4. *Nietzsche's "The Birth of Tragedy"：A Reader's Guide*, Douglas Burnham, Martin Jesinghausen, Continuum, 2010.[①]

5. *Nietzsche and The Birth of Tragedy*, Paul Raimond Daniels, Routledge Taylor & Francis Group, 2013.

6. *Kommentar zu Nietzsches Die Geburt der Tragödie*, Jochen Schmidt, Berlin：De Gruyter, 2012.

在大陆学界,严格来说,真正的由我国学者撰写的《悲剧的诞生》之导读类的书还较少,我看到天津人民出版社 2009年出版过一本《〈悲剧的诞生〉导读》[②],作者为朵渔,但这本书可能面向的对象是一般社会大众,是一本带有普及性的书,因为这本书的编撰的原则就是"社科经典轻松读,让经典成为通识",所以还不能算作是一本比较有深度的学术导

---

① 即(英)道格拉斯·伯纳姆、(英) 马丁·杰辛豪森:《导读尼采〈悲剧的诞生〉》,丁岩译,重庆:重庆大学出版社, 2016 年版。

② 朵渔:《〈悲剧的诞生〉导读》,天津:天津人民出版社,2009 年版。

读。此外还有一本由凌曦撰写的《早期尼采与古典学：〈悲剧的诞生〉绎读》①，该书是其博士论文，主要站在古典学的角度，分析了《悲剧的诞生》写作的背景，以及由此引发的语文学上的争论，并对该书进行了逐节的绎读，这算是一本既有一定理论视角又有非常细致理论分析的很有深度的导读书了。在一些译本中可能出版社会请一些专家来撰写导读文章，比如译林出版社 2010 年出版的《悲剧的诞生》杨恒达译本，就请哲学专家方向红先生写了一篇导读，2021 年上海译文出版社出的英文版的《悲剧的诞生》（导读注释版），约请了著名学者林骧华先生进行导读，但这些导读都是属于序言导论性质之类的，篇幅并不太长，一方面有些问题限于篇幅不能展开论述，另一方面它们也的确不是专门的导读性专著。鉴于以上情形，我想，在当今中国学界，再次撰写一本有关《悲剧的诞生》的导读类专著，也不是完全没有意义的。

我想没有人在写书的时候会希望自己的研究没有任何一点价值，或者在学界掀不起一点涟漪。对尼采及其《悲剧的诞生》的研究资料汗牛充栋，我不揣浅陋，而敢于接下"导读《悲剧的诞生》"这一任务，自然是有很大的勉为其难，但一旦进入写作，我确实又有点不甘心没有一点自己的想法，或出版后只是在图书馆的专门存放尼采研究的专柜中平添一本研究尼采的资料而已，而起不到一点作用，没有任何的反响。但是很不幸的是，我的这个研究很有可能就是这个结局，因为我自己都

---

① 凌曦：《早期尼采与古典学：〈悲剧的诞生〉绎读》，广州：中山大学出版社，2012 年版。

知道我这个导读存在的问题：比如不是根据《悲剧的诞生》德文版进行导读的；阅读中西方有关《悲剧的诞生》的研究资料还不是太多；对尼采的著作并没有阅读完全，还不能说完整地掌握了尼采的思想；基于个人的悟性，对尼采的一些表达并不能说都理解了，等等。但是有什么办法呢？书籍等着出版，出版社正在催着，只能就这样了，"将就"不正是中国人的生存常态吗？

目前，我国的尼采研究正蒸蒸日上，各种尼采著作的翻译，以及对尼采的各种各样角度的研究层出不穷，就我有限所知，光尼采全集的翻译，目前就有三个，一个是杨恒达先生想独立做的尼采全集翻译（一共22卷），目前出了第一批书籍共4卷；一个是刘小枫先生组织的尼采注疏集，其中有翻译的尼采原著12种，翻译的西方研究尼采著作17种；一个是孙周兴先生主持的"尼采著作全集"的翻译，该研究已被纳入国家社科基金重大项目，目前在商务印书馆已出版其中5卷（共14卷）。随着我国尼采研究的稳步推进，在未来，我国有关《悲剧的诞生》的研究和导读类的更好的书籍肯定也会出现。

我前面已经说过，我这个导读是存在有自己的问题的，或者说，并不能算是一个成功的导读，至少就我自己对自己的要求来说，是没办法达到自己心中的预期的，限于自身能力，不是几天几月就能弥补的，这也是没有办法的事。我这里的研究，更多只能被视作一个抛砖引玉的举动，而我在这里只能期盼一些更好的有关《悲剧的诞生》的导读能更快出现，以弥补本导读的不足和我自己的缺憾。

由于时间有限，精力有限，我约请了我的两位学生王莹雪、许家媛来撰写本导读中的几章，我通读和校阅之后，觉得她们写得很是不错,基本上贯彻了我对本导读所定下的原则和对她们写作的要求,感谢她们二位的辛勤付出。无论是我的写作,还是我的两位学生的写作,肯定存在有不少这样那样的问题,甚至也许还有常识性的错误,如果读者诸君发现和碰到了这些问题,敬请指正,也敬请原谅,不甚感谢,因为我们毕竟不能算是尼采研究专家。

尼采自视甚高,他说他是"哲学家狄奥尼索斯的最后一个弟子"①,他"把自己看作第一个悲剧哲学家"②,"是位于前后两千年之间的一位具有某种决定性意义和劫数的人"③。事情是否真是如此,不好判断,但尼采有此雄心壮志倒的确是真实的,也是值得敬佩和赞赏的。尼采的整个思想,在我看来,就是用疯狂对抗疯狂,即用发端于希腊的生命本能的酒神精神,以一种癫狂、狂傲的形式来消解整个时代的疯狂,我们这个时代,虽然被称为理性主义和科学主义高涨的时代,但正是在这个时代,出现了理性造成的无秩序、崩溃、混乱、基础的坍塌、信仰的失落,而尼采意在用一种极端的方式来反思和批判之,虽然看上去尼采是一位非理性主义者,但从这个角度来说,我们又可说,尼采还是一位人道主义者,一位有着强烈的社会关怀的人文主义者,只不过他采用了一种看似激烈、极端的形式,就其人道主义的坚持来说,仍然还是从古希腊以来一直到近代文艺复兴、启蒙运动的思想的传人。当然从尼采思想自

① 尼采:《偶像的黄昏》(节译),见《悲剧的诞生:尼采美学文选》,第 335 页。

② 尼采:《看哪,这人》(节译),见《悲剧的诞生:尼采美学文选》,第 345 页。

③ 威廉·魏施德:《通向哲学的后楼梯》,李文潮译,沈阳:辽宁教育出版社,1998 年版,第 273 页。

身的角度来说,他所要做的就是扭转其当时所处时代的社会文化弊端,超越过去西方的那种畏畏缩缩、苟延残喘的堕落的历史,而要去开创一种属于人类未来的、勇于创造的、不断生成的有生命和温度的历史,这也就是其所谓的未来哲学的建构,以及人类未来时代的到来。

前不久,我在网上看到了时年85岁高龄的中国社会科学院哲学所退休研究员、著名学者王树人先生于2020年正值新冠肆虐时期写的重读尼采感怀诗四首,觉得其颇为传达了尼采思想的神韵,对尼采思想的确有一个完整通透的理解,特意录引如下:

一

春秋八十五,

闻鸡起舞,

尼采书重读。

乐见大哲挥神斧,

元阳普世,

价值皆重诂。

烈烈罡风起,

高扬自由旗,

横扫万千禁锢。

质疑科学,

捅破道德酸腐,

嘲讽偶像黄昏,

管他苏格拉底,

柏拉图！
精神牢笼师徒筑，
观念两千年不朽，
何故？
没有化解观念的熔炉？

二

希腊悲剧不悲，
上演旷古金曲。
听酒神颂歌，
唱出壮美惊天地，
一展宏志齐天新角度。
"用艺术透镜看科学"，
科学被质疑，
"用生命透镜看艺术"，
真艺独秀永驻。
美魂返乡绽放，
人性重塑，
回归自然朴美，
回归生命意志道枢。
脚踏四野八荒，
生命勃发生机惊现，
世间劲出优秀族。
云淡风轻江水蓝，
人美物美天地鲜，

永恒复返大艺术。
漫点江湖。
意难尽，
欲造人间天都。

三
一半天使一半是野兽，
今人堕落不忍睹。
可叹！变成人形兽，
还魂有待"超人"出。
灭掉所有邪教邪恶，
走上自主光明路。
自然自由自在美，
阴阳平衡华夏天地舒。
珍视吧，
"超人"绘出人类自身愿景图。
"超人"也，
经历多少风雨！
此时风雨住，
黄昏接良宵，
星月相伴酒一壶。

四
"上帝死了"。
天国忽废黜。

天塌地陷，

六神无主。

出路何方？

莫彷徨！

让"自由精灵"引路，

让虚无归虚无，

一切虚构欺骗皆扫除。

生命自己作主。

拥抱太阳——大地母亲，

讴歌自由新乐曲。

真情唤回真世界，

打碎有形无形枷锁，

拉开精神万紫千红大幕。

任尔心灵"逍遥游"，

无忧无虑无牵挂，

道通九天路。

登月今不愁，

愿君牵手嫦娥当空舞，

纵有风雨也无阻。

在此诗中，一个勇于批判的尼采，一个超然独立的尼采，一个自由精灵的尼采，一个诗意审美的尼采，一个生机勃勃的尼采，一个笑对风云的尼采，跃然纸上，形象鲜明。

好了，接下来就该正式开启我们的尼采思想之旅了，我们即将踏上《悲剧的诞生》之导读的旅程。

第一章　尼采其人其说

英国政治哲学家以赛亚·伯林把思想家区分为两种类型：一种是"凡事归系于某个单一的中心识见、一个多多少少连贯密合条理明备的体系，而本此识见或体系，行其理解、思考、感觉；他们将一切归纳于某个单一、普遍、具有统摄组织作用的原则，他们的人、他们的言论，必惟本此原则，才有意义"。另一种是"追逐许多目的，而诸目的往往互无关连，甚至经常彼此矛盾，纵使有所联系，亦属于由某心理或生理原因而做的'事实'层面的联系，非关道德或美学原则；他们的生活、行动与观念是离心而不是向心式的；他们的思想或零散或漫射，在许多层次上运动，抽取百种千般经验与对象的实相与本质，而未有意或无意把这些实相与本质融入或排斥于某个始终不变、无所不包，有时自相矛盾又不完全、有时则狂热的一元内在识见。"[①]前一种即所谓的刺猬型思想人格与艺术人格，后一种即所谓的狐狸型思想人格与艺术人格。伯林认为，柏拉图、卢克莱修、帕斯卡尔、但丁、黑格尔、陀思妥耶夫斯基、尼采、易卜生、普鲁斯特是刺猬，而希罗多德、亚里士多德、蒙田、伊拉

---

① 以赛亚·伯林：《俄国思想家》，彭淮栋译，南京：译林出版社，2017 年版，第 25—26 页。

斯谟、莎士比亚、莫里哀、歌德、普希金、巴尔扎克、乔伊斯则是狐狸。伯林的这个区分看上去非常清晰,但是其实又有点简化,或者说忽视了思想内部本身的复杂性。比如其谈到尼采,把尼采归于刺猬型思想人格,当然不能说毫无道理,尼采一生都在思考生命意志问题而始终不变,这算得上是围绕"某个单一的中心识见"而结构体系了,但是尼采是不是也还有狐狸型思想人格的一面呢? 比如其内心中涌动着的狂傲不羁的性格,自由生命意志的不断喷发,由认同瓦格纳而到与之决裂,由生命意志到超人哲学,既强调艺术的幻象作用又警惕表面的形式审美,既钦慕酒神精神又难忘日神精神,既向往古希腊的古典主义美学但是对那种"高贵的单纯,静穆的伟大"风格又持拒斥态度,等等态度不正表明其思想本身的复杂性,或者说其"思想或零散或漫射"的状态吗?

故而,为了真正地认识尼采,我们最好还是抛弃各种先入为主的观念预设,从尼采自身的思想开始。

(一)尼采的生平

尼采 1844 年生于普鲁士的一个牧师家庭,从小体弱多病。这是其家庭遗传,据说其父亲就是因为晕眩症而死亡的,其时尼采刚好 5 岁。尼采除了晕眩症之外,还伴有神经痛、弱视、头疼等诸种症状。众所周知,尼采的身体疾病与其哲学的形成之间是有一定关系的,他长大后之所以要推崇所谓的"生命意志""悲剧精神",与他自己生理上所遭遇到的这种磨难恐怕不无关系,但当然,尼采并没有在这种病痛前萎靡不振,他恰恰是要以一种看似癫狂的形式不断地彰显自己的生命意志，以抵御和克服自己身体上的缺陷、病痛。不要说其他，光从一个人对待疾病的态度，在巨大的生理疾病面前既痛苦而又不甘屈服的那种顽强意志，就不是一般人能够比拟的。

1858 年，尼采就读普福塔学校，在这所以古典主义教学闻名的学校里，尼采既接受了良好的逻辑学和语言学的训练，同时又广泛地接触了莎士比亚、席勒、荷尔德林、拜伦、卢梭等文艺复兴和启蒙运动时期的作家的作品，这为其后来的美学研究奠定了坚实的基础。

1864 年，尼采进入波恩大学攻读神学和古典语言学，一年后也即 1865 年，尼采转入莱比锡大学学习语言学。尼采后来很长一段时间是以古典语言学家的面貌出现的，甚至他后来在巴塞尔大学谋得的教职也是古典语言学的教授席位，这当然源于他大学以来在语言学方面的专业和系统的训练。但尼采在大学里，没有局限于语言学方面的学习，他广泛地接触哲学和艺术，并被叔本华的唯意志论哲学和瓦格纳的浪漫主义音乐所深深地吸引。1869 年 2 月，尼采得到著名语言学家李契尔的推荐，成为瑞士巴塞尔大学的编外教授，不久，尼采在缺席考试的情况下，莱比锡大学根据其已发表的论文，授予其博士学位。1870 年 4 月，尼采被拔擢为巴塞尔大学的正教授。

在尼采的一生中，其中一个很重要的事件即是其与音乐大师理查德·瓦格纳的忘年交。1868 年秋，23 岁的尼采与 54 岁的瓦格纳第一次见面，此时，他视瓦格纳为艺术上的偶像，精神上的同路人，二人相谈甚欢，给尼采留下了非常美好的印象。事后尼采记述道："我发现了一个人，是如此深刻地感动着我,他就像叔本华所说的'天才',他充满着奇妙而动人心弦的哲学。"①"我同瓦格纳的初次交往,也是我生平直抒胸臆的第一次。我尊敬他,把他看作一个和德国人不同的外国人,把他当作一切'德意志美德'的对立面反对者。我们这些在50年代潮湿气息中度过了童年的人,对德意志这个概念来说,必定都是悲观主义者。我们只能成为革命者——我们绝不能容忍伪君子当道的环境。"②

与瓦格纳的亲密交往直接激发了他的写作《悲剧的诞生》的灵感。《悲剧的诞生》1872年出版时题名为"悲剧从音乐精神中的诞生"(Die Geburt der Tragödie aus dem Geiste der Musik),在该书的前言中,他直接把这本书题献给了理查德·瓦格纳:"为了躲开这一切(即所谓的审美大众的怀疑、不安和误解——引者),也为了能够带着同样的沉思的幸福来写作这部著作的前言(这幸福作为美好崇高时刻的印记铭刻在每一页上),我栩栩如生地揣想着您(指瓦格纳——引者),我的尊敬的朋友,收到这部著作时的情景。"③"从它产生的效果来看(特别是在伟大艺术家理查德·瓦格纳身上,这本书就是为他而写的),又是一本得到了证明的书,我的意思是说,它是一本至少使'当时最优秀的人物'满意的书。"④

---

① 陈鼓应:《悲剧哲学家尼采》,北京:三联书店,1996年版,第21页。
② 尼采:《悲剧的诞生》,"超越时代的思想巨擘:尼采",缪朗山等译,海口:海南国际新闻出版中心,1996年版,第6—7页。
③ 尼采:《悲剧的诞生》,见《悲剧的诞生:尼采美学文选》,第1页。
④ 尼采:《自我批判的尝试》,见《悲剧的诞生:尼采美学文选》,第272页。

可是好景不长，由于所从事行业的差异导致两人相互的不理解，隔阂越来越深，最终两人在思想和友谊上决裂了，1878年1月以后，两人之间没有了任何往来。尼采后来写了《自我批判的尝试》《瓦格纳事件》《尼采反对瓦格纳》等一系列著作来对瓦格纳进行批判和对其思想进行清算，虽然尼采对和瓦格纳曾经的交往仍然表达感激和怀念，但是此后瓦格纳的思想和艺术，在尼采眼中就基本已经成了形式主义、颓废主义、虚无主义的代名词了。

与瓦格纳决裂以后，尼采一方面更加地受到了病痛的折磨，一方面更加地潜心于写作，在这段时期内，写出了大量的在后来人们耳熟能详的著作。1889年，尼采与其父亲一样，摔了一跤，精神错乱症彻底发作，尼采彻底疯了，随之被家人送进精神病院，此后，尼采神志再未清醒，直到去世。

1900年8月25日，在经历了十一年的精神疯癫之后，这颗伟大的灵魂在魏玛彻底陨落。死后，这位一生孤独，在思想上貌似疯狂和敢于对抗一切，在生理上最后也发疯的著名思想家葬于其父母双亲的身旁，他终于彻底摆脱了痛苦，彻底进入了日神式的梦幻，获得了心灵上的安静。

（二）尼采的著作和思想分期

尼采的著述较多，比较有名的如《悲剧的诞生》（1872）、《不合时宜的沉思》（1873—1876）、《人性的，太人性的》（1878）、《朝霞》（1881）、《快乐的科学》（1882）、《查拉图斯特拉如是说》（1883—1885）、《善与恶的彼岸》（1886）、《论道德的谱系》(1887)、《瓦格纳事件》(1888)、《尼采反对瓦格纳》(1888)、《敌基督者》(1888)、《瞧哪！这人》(1888)、《狄奥尼索斯颂歌》(1888)、《偶像的黄昏》(1888)、《权力意志：重估一切价值的尝试》(1901)等。

关于尼采著作的全集，目前比较流行的主要有这样几个版本：一是意大利学者 Giorgio Colli 和 Mazzino Montinari 编订的十五卷本"考订版尼采全集"或"校勘研究版尼采全集"或"科利版尼采全集"，缩写为 KSA，目前我国学者周国平、孙周兴、杨恒达等所进行的尼采翻译所依据的皆是此版本，由此可见此全集版影响之大。但是这个版本实际上并不全，后来 Giorgio Colli 和 Mazzino Montinari 另编有"考订版尼采书信集"八卷本面世。杨恒达先生意欲翻译的尼采全集就是融合了著作和书信集，根据发布的图书广告，一共有二十二卷。二是 Volker Gehardt，Norbert Miller，Wolfgang Müller-Lauter，Karl Pestalozzi 等几位学者主持编订的四十四卷版尼采全集，这个版本应该是最全的，属于真正的"全"集。三是 Richard Oehler 等主编的 Musarion 版尼采著作全集，共二十三卷。四是 Alfred Bäumler 编订的 Kröner 版尼采著作全集，共十二卷。五是尼采还在世时就开始编订的号称 Großoktavausgabe 的十九卷本尼采著作全集。六是波恩大学 Peter Pütz 教授编订的"笺注本尼采著作全集"，共十卷。七是 Karl Schlechta 编订的三卷本尼采著作全集。

关于尼采思想的分期，我主要采用卡尔·洛维特和雅斯贝尔斯等人的看法。第一个阶段是早期思想和著述阶段，此阶段大概为 1870—1876 年间，期间的代表性著作是《悲剧的诞生》和《不合时宜的沉思》。这个阶段是"敬仰文化、信仰天才的时代"①，"相信天才会直接从当时零乱的德国文化状况中重新创造出蓬勃向上的德国文化来"②。第二个阶段是中期思想和著述阶段，此阶段大概为 1876—1882 年间，期间代表性的著作是《人性的，太人性的》、《朝霞》、《快乐的科学》(1—4卷)。在格言式的写作中，尼采慢慢"形成了冷静的、无拘无束的、毫不虚浮的、批判性的观点"③，这一阶段主要是"相信实证科学与批判的瓦解力量的时代"④。第三个阶段就是其未来哲学思想最终形成的阶段，此阶段大概为 1883—1889 年间，期间的代表性著作有《查拉图斯特拉如是说》《善与恶的彼岸》《论道德的谱系》《偶像的黄昏》《敌基督者》《瓦格纳事件》《尼采反对瓦格纳》《瞧哪！这人》。在这一阶段，尼采提出了"权力意志""超人""永恒轮回"等一系列观点，开始了对传统文化和哲学的彻底重估，以为其自己的形而上学哲学的出场铺平道路，这是其"提出新的哲学的时代"⑤。

---

① 雅斯贝尔斯：《尼采：其人其说》，鲁路译，北京：社会科学文献出版社，2001 年版，第 42 页。

② 雅斯贝尔斯：《尼采：其人其说》，鲁路译，北京：社会科学文献出版社，2001 年版，第 41 页。

③ 雅斯贝尔斯：《尼采：其人其说》，鲁路译，北京：社会科学文献出版社，2001 年版，第 41 页。

④ 雅斯贝尔斯：《尼采：其人其说》，鲁路译，北京：社会科学文献出版社，2001 年版，第 42 页。

⑤ 雅斯贝尔斯：《尼采：其人其说》，鲁路译，北京：社会科学文献出版社，2001 年版，第 42 页。

对尼采思想发展阶段的这样一种划分并不是无的放矢的，一方面是基于尼采自己的著述顺序和思想发展特点，另一方面也得到过尼采自己的肯定[①]：

通向智慧之路。对超越道德的暗示。

第一步。最好比任何一个人都更充满崇敬（并且服从和学习）。让所有崇敬之价值在自身中聚集起来并让它们彼此争斗。承担……共同体的时代中所有沉重的东西……

第二步。当人们受其束缚最深时，打破充满崇敬的心。自由的精神。独立性。荒漠的时代。批判所有被崇敬的东西（将不被崇敬的东西理想化），尝试进行颠倒的价值判断。

第三步。伟大的决断，也即决断是否走向积极的立场、走向肯定。不再有上帝，不再有超出我之上的人！创造者的本能，他知道，他的手放在哪里。伟大的责任和无罪。（为了对任何一件事感到高兴，人们必须赞同所有的东西。）赋予一切以正当性。

（善恶的彼岸。他接受了所有对世界的机械的沉思，并且不再在命运之下低声下气：他就是命运。他将命运和人性握在手中。）

只有对少数人来说是这样的：大部分人在第二步时就已经完蛋了。

---

① 洛维特：《尼采》，刘心舟译，北京：中国华侨出版社，2019 年版，第 36—37 页。

（三）尼采的哲学思想概述

尼采在不同的时期，分别提出了很多概念，比如日神精神、酒神精神、悲剧哲学、颓废主义、虚无主义、生命意志、权力意志、超人哲学、重估一切价值、同一者的永恒轮回等等。正是基于这样一些概念，尼采在其上建构了自己的哲学思想体系。

对于尼采的哲学，我有一个基本的理解，即他所有的努力，都是指向未来哲学的建构。尼采想要建立其所谓的"未来哲学"体系，是在《善与恶的彼岸》中最直接地提出来的，因为《善与恶的彼岸》的副标题就是"一个未来哲学的序曲"。当然，这一思想在其之后的《权力意志》中得到了更多的展开和论述。

尼采之所以能够提出"未来哲学"，当然最直接的可能是看到过瓦格纳的《未来的音乐》《未来的艺术作品》《未来的艺术家行当》并受到其思想的影响，而且，他在其书中也提到过费希特的《未来哲学原理》，当然，他也不可能没读过康德的《未来形而上学导论》。

尼采提出"未来哲学"的口号，虽然要直到 1886 年，但这一思想的萌芽，在《悲剧的诞生》中就已经有了。"现在，让我们心情激动地叩击现代和未来之门。"[①]"在这忐忑不安抽搐着的文化生活和教化斗争下面，隐藏着一种壮丽的、本质上健康

---

① 尼采:《悲剧的诞生》，见《悲剧的诞生:尼采美学文选》，第 66 页。

的古老力量,尽管它只在非常时刻有力地萌动一下,然后重又沉入酣梦,等待着未来的觉醒。"①为了朝向未来,我们只有重新唤起蕴藏在古希腊文化中的"日神精神"和"酒神精神":"谁也别想摧毁我们对正在来临的希腊精神复活的信念,因为凭借这信念,我们才有希望用音乐的圣火更新和净化德国精神。否则我们该指望什么东西,在今日文化的凋敝荒芜之中,能够唤起对未来的任何令人欣慰的期待呢?"②到了《权力意志》中,尼采甚至把这种"未来哲学"称为一种"新启蒙"③。

尼采之所以要提出和建立一种所谓的"未来哲学",或者说把哲学的希望不放在过去和当前而放在未来,这当然是与其对西方传统哲学和当下文化状况的认知和批判有关的。尼采对西方传统文化和其所处当下社会文化的现实,有一个最直接的批判,即这是一种颓废主义的文化、悲观主义的文化、虚无主义的文化。"我们的宗教、道德和哲学是人的颓废形式。"④他认为"现代性"就是"精神的放荡""演戏""病态的烦躁""劳累过度"⑤,是"中间产物的过多发展""类型的萎缩""传

① 尼采:《悲剧的诞生》,见《悲剧的诞生:尼采美学文选》,第101页。
② 尼采:《悲剧的诞生》,见《悲剧的诞生:尼采美学文选》,第88页。
③ 尼采:《权力意志》(上卷),孙周兴译,北京:商务印书馆,2011年版,第32页。
④ 尼采:《作为艺术的强力意志》,见《悲剧的诞生:尼采美学文选》,第348页。
⑤ 尼采:《权力意志》(上卷),孙周兴译,北京:商务印书馆,2011年版,第496页。

统、学派的中断"①，也就是颓废。尼采在《悲剧的诞生》里之所以要提倡"日神精神""酒神精神""悲剧精神"，就是要以之来对抗和消解这种文化上的颓废主义。这种文化上的颓废主义在其所处时代的代表也就是叔本华的意欲泯灭人的生命意志的"悲观主义"："一种实践的悲观主义，它竟出于同情制造了一种民族大屠杀的残酷伦理——顺便说说，世界上无论过去还是现在，凡是尚未出现任何形式的艺术，尤其是艺术尚未作为宗教和科学以医治和预防这种瘟疫的地方，到处都有这种实践的悲观主义。"②"现代悲观主义乃是现代世界——而不是世界和此在——的徒劳无用状态的一个表达。"③而颓废主义、悲观主义，其实也就是"虚无主义"："人们看到，在这本书里（指《悲剧的诞生》——引者），悲观主义，我们更明确的表述叫虚无主义。"④对于虚无主义的特点，尼采在其《权力意志》中有过如下的几点描述和概括⑤：

a）在自然科学中（"荒谬性"——）；因果论、机械论。"规律"乃是过场、剩余物。

b）政治上也是一样：人们缺乏对自身权利的信仰，

① 尼采：《权力意志》（上卷），孙周兴译，北京：商务印书馆，2011年版，第498页。
② 尼采：《悲剧的诞生》，见《悲剧的诞生：尼采美学文选》，第64页。
③ 尼采：《权力意志》（上卷），孙周兴译，北京：商务印书馆，2011年版，第60页。
④ 尼采：《作为艺术的强力意志》，见《悲剧的诞生：尼采美学文选》，第386页。
⑤ 尼采：《权力意志——重估一切价值的尝试》，张念东、凌素心译，北京：商务印书馆，1998年版，第197—198页。

缺乏对无辜的信仰；风行欺诈，不时的奴颜婢膝。

c）国民经济也是如此：取消奴隶制。因为，缺少救世主等级、辩护人。——无政府主义抬头。这是"教育"的责任吗？

d）历史也是这样：宿命论，达尔文主义。深入研究理性和神性的尝试以失败告终。有伤往事；任何传记体都使人难以忍受！——（这里也有现象主义：假面具的特征；事实是没有的。）

e）艺术上也是如此：浪漫主义及其反作用（厌恶浪漫主义的理想和谎言）。后者从道德角度看来有较大的真实含义，不过是悲观主义的。纯粹的"杂技演员"（对内容来说是无所谓的）。（忏悔神父的心理学和清教徒的心理学，这是心理学浪漫主义的两种形式。但是，也还带有其反作用，尝试对"人"采取纯杂技式的态度。——即便如此，也无人敢做翻案的估价！）

对于尼采对虚无主义如上所概括的这几点，可以用一句话来表达，即：所谓的虚无主义就是指我们的当代社会、历史、学术和文化，变得没有生机，没有了真正的生命力，丧失了意义的生成，丧失了求"存在"的意志。

为了对抗现代文化中的这种颓废主义、悲观主义、虚无主义，尼采在其《悲剧的诞生》中吸收了叔本华的唯意志论，强调所谓的生命意志："悲剧端坐在这洋溢的生命、痛苦和快乐之中，在庄严的欢欣之中，谛听一支遥远的忧郁的歌，它歌唱着万有之母，她们的名字是：幻觉，意志，痛苦。——是的，我的朋友,和我一起信仰酒神生活,信仰悲剧的再生吧。"①"我们(指悲剧的听众——引者)只是领悟了酒神艺术的永恒现象,这种艺术表现了那似乎隐藏在个体化原理背后的全能的意志,那在一切现象之彼岸的历万劫而长存的永恒生命。对于悲剧性所生的形而上快感,乃是本能的无意识的酒神智慧向形象世界的一种移置。悲剧主角,这意志的最高现象,为了我们的快感而遭否定,因为他毕竟只是现象,他的毁灭丝毫无损于意志的永恒生命。"②通过对悲剧中所蕴藏的生命意志的洋溢,来对抗生命的苦痛。在尼采后期的哲学中,"生命意志"被发展为"权力意志":"无条件的权力意志的特征在整个生命领域里现成存在着。"③"服从自己的意志,人们不会称之为强迫的:因为那是一种乐趣。你能对自己下命令,这就是'意志自由'。"④从本质上来说,"权力意志"也就是"生命意志",但后期尼采为了凸显自己的独立创造,以及为了其所谓的"超人哲学"的建构,提出了"权力意志"这一概念。"权力意志"是只有少数"超人"才能所具有的,只有他们才有掌控自己意志的自由,其他的则只是软弱的"群畜",是彻彻底底的颓废。"要有意识地、最大限度地提高人的力——因为它能够创造超人。"⑤"我来把超人教给你们。人类是某种应当被克服的东西。为

① 尼采:《悲剧的诞生》,见《悲剧的诞生:尼采美学文选》,第89页。

② 尼采:《悲剧的诞生》,见《悲剧的诞生:尼采美学文选》,第70—71页。

③ 尼采:《权力意志》(上卷),孙周兴译,北京:商务印书馆,2011年版,第20页。

④ 尼采:《权力意志》(上卷),孙周兴译,北京:商务印书馆,2011年版,第17页。

⑤ 尼采:《权力意志——重估一切价值的尝试》,张念东、凌素心译,北京:商务印书馆,1998年版,第135页。

了克服人类，你们已经做了什么呢？迄今为止，一切生物都创造了超出自身之外的东西，而你们，难道想成为这一洪流的退潮，更喜欢向兽类倒退，而不是克服人类吗？"[①]超人是什么？超人在尼采那里，其实就是一种具有强烈的生命意志的新人，在他们身上，扫荡了一切形式的颓废、堕落、软弱，这种新人，当然就是一种未来人，是只有在未来才会出现的人物，也是尼采所期待的那种理想的人。

在后期尼采，他把对虚无主义、悲观主义、颓废主义的批判称为"重估一切价值"："迄今为止，道德的价值都是最高的价值；谁愿意对此产生怀疑？……如果我们将这些价值从那个位置上除去，那么，我们也就改变了一切价值：迄今为止的等级制度的原则也会因此被推翻……"[②]尼采反对一切形式的禁欲主义、反无政府主义、反浪漫悲观主义，尤其是反传统基督教的道德。当然，所谓的"重估一切价值"，并不仅仅是对传统价值的批判性重估，而且也包括对尼采自己所意欲提出的一种新的未来哲学思想的价值的厘定，事实上，尼采正总是在对传统价值的批判中阐发和确认自己的思想价值的，或者说在对传统堕落价值的批判中发现未来价值的曙光的。在后期尼采那里，经过其"重估"的结果就是，他发现了所谓的"同一者"的"永恒轮回"的秘密："万物去了又来；存在之轮永远转

---

① 尼采：《查拉图斯特拉如是说》，见《尼采著作全集》第四卷，孙周兴译，北京：商务印书馆，2017年版，第9—10页。

② 尼采：《重估一切价值》（下卷），林笳译，上海：华东师范大学出版社，2014年版，第721—722页。

动。万物枯了又荣,存在之年永远行进。万物分了又合;同一座存在之屋永远在建造中。万物离了又聚;存在之环永远忠实于自己。存在始于每一刹那;每个'那里'之球都绕着每个'这里'旋转。中心无所不在。永恒之路是弯曲的。"①所谓的"同一者"的永恒轮回,实际上就是指"生命意志"或"权力意志"作为这个世界的本体,在人类社会中不断地复现,不断地生成,我们人类始终处于受它的支配之下,它是人类的最高价值,任何的价值都要依附于其下,就像尼采在《悲剧的诞生》中,企图通过回归古希腊酒神和日神文化让悲剧精神在现代得以重生,这又何尝不是一种"同一者"的永恒轮回呢? 在后期尼采,他再次以一种所谓的"同一者"的永恒轮回呼应了《悲剧的诞生》中悲剧精神的再生。我们既可以把这看作是生命意志的轮回,同样也可以看作是尼采以其思想的轮回在接应和呼应这种生命意志的轮回:"他们(指哲学家——引者)的思考其实远算不上是揭示,而毋宁说是一种重新认识,重新回忆,向一个遥远而古老的灵魂大家园的回程和返乡。"②在尼采那里,未来的哲学就应该是一种生命意志的哲学,是一种歌唱生命意志永恒轮回的哲学,而未来的哲学家和思想家就是那个最善于接应、思考和发现生命意志之永恒轮回或为生命意志的永恒轮回做好准备并有所期待的人。

---

① 尼采:《查拉图斯特拉如是说》,见《尼采著作全集》第四卷,孙周兴译,北京:商务印书馆,2017年版,第352页。

② 尼采:《善恶的彼岸》,赵千帆译,见《尼采著作全集》第五卷,北京:商务印书馆,2016年版,第37页。

（四）学界有关《悲剧的诞生》的研究

《悲剧的诞生》是尼采最早期著作，也是其一生中唯一一部美学专著。尼采的本业虽然是哲学、古典语文学，但美学之于尼采整个的思想体系具有特殊的意义，"一般而言，艺术观点在其思想中是占有一根本地位的。这也是他一早就抛弃基督教世界观，而代之以悲剧世界观或艺术世界观的表现。"①

《悲剧的诞生》自出版以后，就争议不断，有些古典语文学家和古希腊学专家视之为寇仇，认为该书充满对古希腊语文和古希腊文化的常识性的错误和偏见，是一种伪古典语文学和伪希腊学研究，当然也有些专家赞赏尼采的研究，对其研究表示理解，并认为从中看到了古典语文学和希腊古典学研究的新的希望，比如古典语文学者维拉莫维茨"逐一举出《悲剧的诞生》所涉及的所有语文学知识并分别指出其中的错误"②，乌塞纳尔认为《悲剧的诞生》"纯粹是毫无意义的胡扯"③，而瓦格纳和古典语文学家罗德则为尼采的研究进行了辩护，比如罗德认为"《悲剧的诞生》为理解最深奥的美学秘密即悲剧艺术开辟了一条新的道路，而且这是一条历史性的道路，是艺术

---

① 刘昌元：《尼采》，台北：联经出版事业股份有限公司，2016 年版，第 35 页。

② 凌曦：《早期尼采与古典学：〈悲剧的诞生〉绎读》，广州：中山大学出版社，2012 年版，第 84 页。

③ 凌曦：《早期尼采与古典学：〈悲剧的诞生〉绎读》，广州：中山大学出版社，2012 年版，第 95 页。

史应该走的道路"，因为它"追问一个严肃的问题，即悲剧艺术如何反映关于生存的普遍真理"[①]，"它（美学——引者）可以像一个热心肠的姐姐那样，帮助古典语文学回忆起它久已遗忘的一件事：为了人类这个种族能够保持永恒的振奋，仁慈的自然曾经将一个宝藏放到古典语文学的手中。不是为了让她将这个宝藏与其他那些霍屯督人和小市民的古董一起组成一个惊人的珍品收藏，而是为了让她借助这些人类艺术才能的纯粹作品，提醒后世的野蛮人认识到他们的最高使命何在。"[②]也就是说，在古希腊，美学和语文学本就是联合在一起的，无论是美学还是语文学，并不是满足人的知识掌握和科学考证的癖好，而是为了人类的生存和生命意义的获得。

中西方学界有关《悲剧的诞生》的研究太多，这里只能就我所掌握的资料择其一二而言之。

在西方，俄国思想家舍斯托夫有一本书叫作《陀思妥耶夫斯基与尼采——悲剧哲学》，这本书写于1903年，算是比较早的一本讨论尼采悲剧哲学的著作了，但是舍斯托夫对尼采的哲学充满了偏见："由于尼采受到特殊的娇惯教育，这种浪漫主义早在少年时代就完全控制了他的容易轻信的心灵。不仅仅是《悲剧的诞生》，而且所有的尼采最初的作品，直到《人性的，太人性的》，都是由于同样的原因，作者应该痛恨它们。它

---

① 凌曦：《早期尼采与古典学：〈悲剧的诞生〉绎读》，广州：中山大学出版社，2012年版，第81页。

② 凌曦：《早期尼采与古典学：〈悲剧的诞生〉绎读》，广州：中山大学出版社，2012年版，第83页。

们都是最纯洁的浪漫主义,也就是用现成的诗歌形象和哲学概念多多少少地做着妩媚的游戏。"① 把《悲剧的诞生》中的思想完全归结为一种浪漫主义,这是对尼采的误解。李·斯平克斯在其《导读尼采》中也分析了尼采所论之悲剧问题,他认为,在尼采那里,"悲剧深刻地反映出人类体验的深度与恐惧感"②,"希腊人之所以创造悲剧艺术就是因为他们足够强大,能够直面生命创造与毁灭的无限循环。"③ 而在当时,尼采之所以求助于希腊悲剧,是因为在当时他看到了现代欧洲文化和政治的软弱无力,他倾慕于古希腊文化,是他倾慕于古希腊的伟大贵族政治,认为只有"贵族政治才是希腊社会、艺术和文化发展的强劲动力"④,也是解决当前社会文化危机的动力。李·斯平克斯对《悲剧的诞生》与希腊贵族政治的关系这一点的论述很有新意。道格拉斯·伯纳姆和马丁·杰辛豪森在其《导读尼采〈悲剧的诞生〉》中指出"《悲剧的诞生》旨在提出一个与欧洲文化历史的发展相匹配的基本人类学理论。尼采提出了伴随人类文化发展的力量组合。……具体来说,人类文化表达有两个相辅相成的基础,即酒神精神和日神的艺术动

---

① 舍斯托夫:《陀思妥耶夫斯基与尼采——悲剧哲学》,见《舍斯托夫文集》第三卷,张杰译,北京:商务印书馆,2020 年版,第 130 页。

② 李·斯平克斯:《导读尼采》,丁岩译,重庆:重庆大学出版社,2014 年版,第 14 页。

③ 李·斯平克斯:《导读尼采》,丁岩译,重庆:重庆大学出版社,2014 年版,第 14 页。

④ 李·斯平克斯:《导读尼采》,丁岩译,重庆:重庆大学出版社,2014 年版,第 15 页。

力,这两个动力的斗争时而温和时而暴力(但总是会产出良好的结果……)"①。两人从人类学的角度把酒神精神和日神精神的相互关系确立为是尼采提出的有关人类文化发展的力量组合,这是很有见地的。

在汉语学界,陈鼓应先生应该算是比较早地研究尼采《悲剧的诞生》的学者,他有一本书就叫作《悲剧哲学家尼采》,在该书中,陈鼓应先生认为在《悲剧的诞生》中,尼采已经开始在怀疑道德的价值,在把上帝从哲学中驱逐出去,他提出日神精神和酒神精神,就是"认为价值无需依于'永恒的神意'或'自然的目的'"。② 陈鼓应先生的这一观点提出于 20 世纪 60 年代,至今看来,仍然相当前卫。在中国大陆,周国平先生算是比较早地、长期地、系统地和不遗余力地译介和研究尼采的著名专家之一。在 20 世纪 80 年代,他就以尼采为题做博士论文,他边研究边翻译,在 1986 年由三联书店推出了其翻译的《悲剧的诞生:尼采美学文选》,这虽然不是中国大陆最早的《悲剧的诞生》译本,但毫无疑问是中国大陆最出名的译本。在该书中,周国平先生写了一个较长的译序,从"一、日神与酒神""二、艺术形而上学""三、悲剧世界观""四、审美的人生""五、醉与强力意志""六、艺术生理学""七、美与美感""八、瓦格纳与现代文化""九、音乐与诗""十、艺术家及其创作"等十个方面系统概述了一下《悲剧的诞生》中所体现的尼采的美学

---

① 道格拉斯·伯纳姆、马丁·杰辛豪森:《导读尼采〈悲剧的诞生〉》,丁岩译,重庆:重庆大学出版社,2016 年版,第 15—16 页。

② 陈鼓应:《悲剧哲学家尼采》,北京:三联书店,1994 年版,第 24 页。

思想。在其 2017 年由上海译文出版社出版的《瓦格纳事件：尼采美学文选》中，前面附了一个 116 页近七万字的《尼采美学导论》，这算是对尼采美学的一个很详细系统的研究了。凌曦在其《早期尼采与古典学：〈悲剧的诞生〉绎读》中指出，应该从美学—古典语文学相互关联的角度来理解《悲剧的诞生》，认为这是其核心，"在《悲剧的诞生》以及早年的笔记及讲课稿中，尼采反复强调艺术审美能力对于语文学家的重要意义，他认为语文学家唯有通过艺术审美的途径才能够接近古代的理想，相反，用历史学或者科学实证的方法来研究古代经典，则必然会与古人的智慧失之交臂。"[①]王江松在其《悲剧哲学的诞生》一书中，拈出"悲剧哲学"这一视角，强调从悲剧角度来透视尼采的哲学，并进行了非常系统的阐述，这是我目前见到的对尼采悲剧哲学的最系统的研究。研究所谓的"悲剧哲学"，尼采第一部著作《悲剧的诞生》自然是其重中之重。王江松认为，《悲剧的诞生》"不仅仅是一本文艺美学著作，而且是一本从哲学角度解释悲剧的著作，更重要的是，是一种力图从悲剧中提升某种哲学的著作，因而它不是一本一般的美学著作，而是一本哲学美学著作，并且是一部美学—哲学即由美学通向哲学的著作，甚至就是一本哲学著作。"[②]应该说，王江松的这个观点是非常合理和有其独到见解的。

①　凌曦：《早期尼采与古典学：〈悲剧的诞生〉绎读》，广州：中山大学出版社，2012 年版，第 83—84 页。

②　王江松：《悲剧哲学的诞生：从悲剧角度透视尼采哲学的尝试》，北京：中国社会科学出版社，2009 年版，第 48 页。

中西方学界有关《悲剧的诞生》的研究无疑为我们当前的导读提供了很多有益的启示,是可供我们借鉴的重要的学术资源。

（五）对尼采美学思想和《悲剧的诞生》中的美学思想的整体定位

正如我把尼采的哲学体系建构定位为一种"未来哲学"一样,我同样把尼采的美学思想定位为一种所谓的"未来美学",或者说,正走在通向未来哲学和未来美学的道路上,或者说,至少是在为未来哲学和未来美学的兴起奏响的一支序曲。

尼采的未来美学,归根结底,就是一种感性生命论的美学,这种美学是为人生的美学,而人生也应该是通向审美的人生。尼采痛恨生命力的退化,或者说人的颓废,表现在美学上,就是他痛恨丑:"丑意味着某种型式的颓败、内心欲求的冲突和失调,意味着组织力的衰退,按照心理学的说法,即'意志'的衰退。"[1]在憎恨丑的同时,尼采当然就要张扬生命的美:"没有什么是美的,只有人是美的:在这一简单的真理上建立了全部美学,它是美学的第一真理。我们立刻补上美学的第二真理:没有什么比衰退的人更丑了,——审美判断的领域就此被限定了。"[2]表现在艺术家身上,就是艺术家一定要有炽烈的生命力:"艺术家倘若有些作为,都一定禀性强健(肉体上也

---

[1]　尼采:《作为艺术的强力意志》,见《悲剧的诞生:尼采美学文选》,第350页。
[2]　尼采:《偶像的黄昏》(节译),见《悲剧的诞生:尼采美学文选》,第322页。

是如此),精力过剩,像野兽一般,充满情欲。假如没有某种过于炽烈的性欲,就无法设想会有拉斐尔……创作音乐也还是制造孩子的一种方式;贞洁不过是艺术家的经济学,无论如何,艺术家的创作力总是随着生殖力的终止而终止……艺术家不应当按照本来的面目看事物,而应当看得更丰满,更单纯,更强健,为此在他们自己的生命中就必须有一种朝气和春意,有一种常驻的醉意。"①尼采从强调日神精神、酒神精神开始,到后来的权力意志、超人哲学的提出,可以说都是在为了对抗和批判一种颓废主义的美学,而张扬一种积极的、健康的、有力量的生命主义的美学。

众所周知,尼采在其艺术美学的建构中,提出了"艺术心理学"和"艺术生理学"的说法。"关于艺术心理学(1)陶醉是前提:陶醉的原因。(2)陶醉的典型症状。(3)陶醉中的力感与充盈感:它的理想化作用。(4)事实上力的增加:它实际的美化作用。……"②"(1)陶醉:增强了的权力感;内心要求用事物反映自己的充盈与完满;(2)某些感官极端敏锐:以至于它们能理解并创造另一套符号语言,——而这种语言似乎与某些神经疾病有联系——;极端的灵活性,由此而极端喜欢倾诉;想说出这种符号所能表达的一切——;……"③关于艺术生

————————

① 尼采:《作为艺术的强力意志》,见《悲剧的诞生:尼采美学文选》,第 350 页。

② 尼采:《重估一切价值》(上卷),林笳译,上海:华东师范大学出版社,2014年,第 456 页。

③ 尼采:《重估一切价值》(上卷),林笳译,上海:华东师范大学出版社,2014年,第 458 页。

理学,尼采这样论述道:"艺术使我们想起动物活力的状态;它一方面是旺盛的肉体活力向形象世界和意愿世界的涌流喷射,另一方面是借助崇高生活的形象和意愿对动物性机能的诱发;它是生命感的高涨,也是生命感的激发。"[①]"每种完满,事物的完整的美,接触之下都会重新唤起性欲亢奋的极乐。(从生理学角度看:艺术家的创造本能和精液流入血液的份额……)对艺术和美的渴望是对性欲癫狂的间接渴望,他把这种快感传给大脑。通过'爱'而变得完美的世界。"[②]"一切艺术都有健身作用,可以增添力量,燃起欲火(即力量感),激起对醉的全部微妙的回忆"[③]。从艺术的创作和欣赏的角度,尼采充分论述了艺术的心理和生理特点。在尼采那里,艺术心理学和艺术生理学其实本质上是一回事:"陶醉感,实际上与力的增加相一致:在两性交配期最强烈。"[④]相应的生理产生相应的心理,没有一个人旺盛的艺术生理,也就不会有一个人旺盛的艺术心理。

但尼采的这种感性生命论美学,又并不是一种仅仅停留于感性本能和欲望的形而下美学,相应地,包含在这种感性生命论美学之中的艺术心理学和艺术生理学也不是一种对艺术的形而下的研究。实际上,尼采的整个哲学和美学,从来都是

① 尼采:《作为艺术的强力意志》,见《悲剧的诞生:尼采美学文选》,第351页。
② 尼采:《作为艺术的强力意志》,见《悲剧的诞生:尼采美学文选》,第354页。
③ 尼采:《作为艺术的强力意志》,见《悲剧的诞生:尼采美学文选》,第357页。
④ 尼采:《重估一切价值》(上卷),林笳译,上海:华东师范大学出版社,2014年版,第459页。

有其形而上指归的。在《悲剧的诞生》中,尼采张扬日神精神、酒神精神、悲剧精神,是为了超越传统形而上学给西方文化带来的那种死气沉沉的颓废感,为了给西方文化重续生命的活力,立意不可谓不高远。就艺术美学而言,尼采提出艺术心理学和艺术生理学,同样也是在强调一种蕴含在艺术中的人的生命的力度,为了对抗那种其所处时代流行的苍白的形式主义、唯美主义、为艺术而艺术的主张,认为这是艺术上的退化、颓废:"颓废艺术家的情形与此相似,他们根本上虚无主义地对待生命,逃入形式美之中,逃入精选的事物之中,在那里,自然是完美的,它淡然地伟大而美丽……(因此,'爱美'不一定是欣赏美和创造美的一种能力,它恰恰可以是对此无能的征象。)"[1]"现代的艺术是一种施暴政的艺术。粗糙而强迫推行的轮廓逻辑,题材被简化成了公式,公式在施暴政。"[2]"我们的宗教、道德和哲学是人的颓废形式。相反的运动:艺术。"[3]这里所讲的那种与颓废的宗教、道德和哲学相反的"艺术"很显然就不是他前面所指的那种"施暴政"的"现代艺术",而是他瞩目的、寄托了他的理想的、贯注和彰显着人的强大生命力的艺术。

故而,尼采在其艺术论基础上所进行的美学建构,仍然是一种有其形而上追求的美学而不是一般的形而下的研究,即使他提出艺术心理学和艺术生理学,也是有其形而上的目的,

① 尼采:《作为艺术的强力意志》,见《悲剧的诞生:尼采美学文选》,第 384 页。

② 尼采:《作为艺术的强力意志》,见《悲剧的诞生:尼采美学文选》,第 368 页。

③ 尼采:《作为艺术的强力意志》,见《悲剧的诞生:尼采美学文选》,第 348 页。

比如为了批判审美中的道德主义倾向，为了彰显人的生命力和生命意志。尼采自己也说："艺术是生命的最高使命和生命本来的形而上活动"；[①]"艺术不只是自然现实的模仿，而且是对自然现实的一种形而上补充，是作为对自然现实的征服而置于其旁的。悲剧神话，只要它一般来说属于艺术，也就完全参与一般艺术这种形而上的美化目的。"[②]故从艺术美学的角度来说，尼采建构了一种艺术的形而上学，从一般的美学的角度来说，尼采仍然是在探讨一种未来的形而上美学如何可能的问题，也即是说，尼采所要建构的美学就是一种未来美学，而这种未来的美学也就是一种未来的形而上学美学，一种建立在生命感性论基础上的未来的形而上学美学。鉴于传统的美学也叫作形而上学美学，尽管尼采有形上追求，但他所要建构的未来的形而上学美学肯定是不同于传统的形而上学美学的，实际上传统的形而上学美学恰恰是尼采所要竭力批判的对象，有鉴于此，我们可以把尼采所要建构的那种未来的形而上学美学称为一种未来的"后形而上学美学"，或者说，是一种未来的"后形而上生命主义美学"。这种"后形而上生命主义美学"，在早期的《悲剧的诞生》中，就是一种通过日神和酒神精神而彰显的生命意志论的美学，而到了后期，就是一种强调超人似力量的"权力意志"论的美学："'艺术家'现象还是最易透视的。——由此出发，朝权力的基本本能望去，朝自然的基本本能望去，等等！也就是朝宗教和道德的本能望去！'嬉

---

① 尼采：《悲剧的诞生》，见《悲剧的诞生：尼采美学文选》，第 2 页。
② 尼采：《悲剧的诞生》，见《悲剧的诞生：尼采美学文选》，第 105 页。

戏,无为!'——乃是充盈的力的理想,它是'天真烂漫的'。上帝的'天真烂漫',举止像个孩子。"[1]"在这种状态中,人出于他自身的丰盈而使万物充实:他之所见所愿,在他眼中都膨胀,受压,强大,负荷着过重的力。处于这种状态的人改变事物,直到它们反映了他的强力——直到它们成为他的完满之反映。这种必须变得完满的状态就是——艺术。甚至一切身外之物,也都成为他的自我享乐;在艺术中,人把自己当作完满来享受。"[2]"'悲剧艺术家'。——这是力的问题(个别人的,或者是一个国家的),即人们是否和在什么地方作出'美'的判断。充盈感、开朗的力感(这种感觉允许人们勇敢而愉快地接受许多事物,而胆小鬼则因此而发抖)——权力感会对事物和状态做出'美'的判断,而无能的本能则会把这些事物和状态评价为可恨、'可憎'。"[3]

下面再回到《悲剧的诞生》中的美学。从前后期贯通来看,尼采整个的美学思想如上所述,可以概括和定位为一种未来的"后形而上学的生命主义的美学"。这种未来的美学,体现在《悲剧的诞生》中,就是一种生命悲剧主义的美学,也可以说是一种生命审美主义的哲学。"我是第一个人,为了理解古老的、仍然丰盛乃至满溢的希腊本能,而认真对待那名为酒神

① 尼采:《权力意志——重估　切价值的尝试》,张念东、凌素心译,北京:商务印书馆,1998年版,第198页。

② 尼采:《偶像的黄昏:或怎样用锤子从事哲学思考》,周国平译,北京:十月文艺出版社,2019年版,第145页。

③ 尼采:《权力意志——重估一切价值的尝试》,张念东、凌素心译,北京:商务印书馆,1998年版,第303页。

的奇妙现象：它唯有从力量的过剩得到说明。"①"酒神祭之作为一种满溢的生命感和力量感，在其中连痛苦也起着兴奋剂（Stimulans）的作用，……肯定生命，哪怕是在它最异样最艰难的问题上；生命意志在其最高类型的牺牲中，为自身的不可穷竭而欢欣鼓舞——我称这为酒神精神，我把这看作通往悲剧诗人心理的桥梁。不是为了摆脱恐惧和怜悯，不是为了通过猛烈的宣泄而从一种危险的激情中净化自己（亚里士多德如此误解）；而是为了超越恐惧和怜悯，为了成为生成之永恒喜悦本身——这种喜悦在自身中也包含着毁灭的喜悦……我借此又回到了我一开始出发的地方——《悲剧的诞生》是我的第一个一切价值的重估；我借此又回到了我的愿望和我的能力由之生长的土地上——我，哲学家狄奥尼索斯的最后一个弟子，——我，永恒轮回的教师……"②对《悲剧的诞生》中的美学，我们只需要看其前后期对待瓦格纳的态度就可以看得出来，在《悲剧的诞生》中，他无比信赖和肯定瓦格纳，把瓦格纳作为启迪其思想的缪斯："对于这些严肃的人（指那些把美学当作严肃的生命中可有可无的娱乐的闲事的人——引者）来说可作教训的是：我确信有一位男子（指瓦格纳——引者）明白，艺术是生命的最高使命和生命本来的形而上活动，我要在这里把这部著作奉献给这位男子，奉献给走在同一条路上的

---

① 尼采：《偶像的黄昏》（节译），见《悲剧的诞生：尼采美学文选》，第 332 页。
② 尼采：《偶像的黄昏》（节译），见《悲剧的诞生：尼采美学文选》，第 334—335 页。

我的这位高贵的先驱者。"[1]在这里,他是看到了瓦格纳艺术中所体现的一种强烈的生命意志,故而把他引为同道。但是到了后期,瓦格纳的浪漫主义音乐就成了颓废的、虚无主义的、丧失生命意志的代名词了:"可是,我的先生(指瓦格纳——引者),倘若您的书不是浪漫主义,那么世界上还有什么是浪漫主义呢?您的艺术家形而上学宁愿相信虚无,宁愿相信魔鬼,而不愿相信'现在',对于'现代''现实''现代观念'的深仇大恨还能表现得比这更过分吗?在您所有的对位音乐和耳官诱惑之中,不是有一种愤怒而又渴望毁灭的隆隆地声,一种反对一切'现在'事物的勃然大怒,一种与实践的虚无主义相去不远的意志,在发出轰鸣吗?……怎么,那不是1830年的地道的浪漫主义表白,戴上了1850年的悲观主义面具吗?其后便奏起了浪漫主义者共通的最后乐章——灰心丧气,一蹶不振,皈依和膜拜一种旧的信仰,那位旧的神灵……怎么,您的悲观主义著作不正是一部反希腊精神的浪漫主义著作,不正是一种'既使人陶醉,又使人糊涂'的东西,至少是一种麻醉剂,甚至是一曲音乐、一曲德国音乐吗?"[2]真可谓行也瓦格纳,不行也是瓦格纳,前面赞赏其艺术中充满生命意志,后面批判其丧失生命意志,尼采对待瓦格纳的前后态度的差异,恰恰表明尼采美学的生命主义色彩。当然,由于尼采更强调酒神精神,推崇一种悲剧主义的美学,故而其美学也叫说就是一种生命悲剧主义的美学,在此,悲剧不是悲苦,而是要人直面人生的苦

---

① 尼采:《悲剧的诞生》,见《悲剧的诞生:尼采美学文选》,第2页。

② 尼采:《自我批判的尝试》,见《悲剧的诞生:尼采美学文选》,第278—279页。

难,重振生命的意志,积极寻求人生的意义和价值。过去的悲剧英雄消失了,我们只能期望于悲剧在未来的再生,所以,体现在《悲剧的诞生》中的尼采的这种生命悲剧主义的美学,也就是一种未来的美学,由于这种生命悲剧主义的美学指向对传统价值的重估,指向对人的精神价值的赢获,所以它也就是一种具有形而上性质的未来的生命悲剧主义的美学。

第二章 尼采与希腊人:希腊感性论生命美学精神的复归

在这一章里,我们主要来谈尼采与希腊人、希腊文化的关系,这里有几层考量:一、尼采本来就是著名古希腊语文学家,他在讨论许多问题的时候都会从其古希腊语文学家的角度来提供其思考;二、《悲剧的诞生》中所讨论的悲剧、酒神、日神等诸问题就是在古希腊文化语境中产生的,所谓的"悲剧的诞生"不是抽象意义的"悲剧"的诞生,而就是"古希腊悲剧"的诞生;三、尼采通过回溯古希腊悲剧文化、悲剧精神,当然又不仅仅是一个考古学的考察,而有其一定的现实指向,这跟文艺复兴、启蒙运动等很多时候的思想家的做法一样,假借对古希腊文化的言说或回归,来达到其一定的现实目的,所以我们也经常看到"黑格尔与希腊人""康德与希腊人""席勒与希腊人""胡塞尔与希腊人""海德格尔与希腊人"等之类的题目,同样,我们这里谈"尼采与希腊人"这样一个题目,也有这样的考量。

从美学的角度考量,我们之所以讨论"尼采与希腊人"这样一个问题,就与我们对尼采美学的定位有关。在前面我们已经指出过,尼采的美学说到底是一种未来美学,是一种后形而上学的生命主义的美学,是一种感性生命论的美学。而这种感性生命论的美学曾经在古希腊出现过或者大行其道，但是如今已经失落了，尼采通过回溯古希腊的酒神精神和悲剧美学，就是希望能够在未来实现那样一种感性论生命美学的复归。

要理解尼采的感性生命论美学，那么我们就必须先去了解尼采对古希腊日神精神、酒神精神以及在此基础上产生的悲剧艺术的论述。

关于日神精神，尼采这样写道："希腊人在他们的日神身上表达了这种经验梦的愉快的必要性。日神，作为一切造型力量之神，同时是预言之神。按照其语源，他是'发光者'，是光明之神，也支配着内心幻想世界的美丽外观。这更高的真理，与难以把握的日常现实相对立的这些状态的完美性，以及对在睡梦中起恢复和帮助作用的自然的深刻领悟，都既是预言能力的、一般而言又是艺术的象征性相似物，靠了它们，人生才成为可能并值得一过。然而，梦象所不可违背的那种柔和的轮廓——以免引起病理作用，否则，我们就会把外观误认作粗糙的现实——在日神的形象中同样不可缺少：适度的克制，免受强烈的刺激，造型之神的大智大慧的静穆。他的眼睛按照其来源必须是'炯如太阳'；即使当它愤激和怒视时，仍然保持着美丽光辉的尊严。……《作为意志和表象的世界》第一卷里写道：'喧腾的大海横无际涯，翻卷着咆哮的巨浪，舟子坐在船上，托身于一叶扁舟；同样地，孤独的人平静地置身于苦难世界之中，信赖个体化原理（principium individuationis）。'关于日神的确可以说，在他身上，对于这一原理的坚定信心，藏身其中者的平静安坐精神，得到了最庄严的表达，而日神本身理应被看作个体化原理的壮丽的神圣形象,他的表情和目光向我们表明了'外观'的全部喜悦、智慧及其美丽。"[1]日神精神用一个词来概括那就是"梦境",体现在艺术上,它通过制造艺术幻象给你带来如梦如幻的感觉,其具体体现就是造型艺术。

关于酒神精神,尼采是这样论述的:"我们就瞥见了酒神的本质,把它比拟为醉乃是最贴切的。或者由于所有原始人群和民族的颂诗里都说到的那种麻醉饮料的威力,或者在春日熙熙照临万物欣欣向荣的季节,酒神的激情就苏醒了,随着这激情的高涨,主观逐渐化入浑然忘我之境。还在德国的中世纪,受酒神的同一强力驱使,人们汇集成群,结成歌队,载歌载舞,巡游各地。"[2]"在酒神的魔力之下,不但人与人重新团结了,而且疏远、敌对、被奴役的大自然也重新庆祝她同她的浪子人类和解的节日。大地自动地奉献它的贡品,危崖荒漠中的猛兽也驯良地前来。酒神的车辇满载着百卉花环,虎豹驾驭着它驱行。一个人若把贝多芬的《欢乐颂》化作一幅图画,并且让想象力继续凝想数百万人颤慄着倒在灰尘里的情景,他就差不多能体会到酒神状态了。此刻,奴隶也是自由人。此刻,贫困、专断或'无耻的时尚'在人与人之间树立的僵硬敌对的樊篱土崩瓦解了。此刻,在世界大同的福音中,每个人感到自己同邻人团结、和解、款洽,甚至融为一体了。……人轻歌曼舞,俨然是一更高共同体的成员,他陶然忘步忘言,飘飘

---

① 尼采:《悲剧的诞生》,见《悲剧的诞生:尼采美学文选》,第4—5页。
② 尼采:《悲剧的诞生》,见《悲剧的诞生:尼采美学文选》,第5页。

然乘风飞飏。他的神态表明他着了魔。就像此刻野兽开口说话、大地流出牛奶和蜂蜜一样，超自然的奇迹也在人身上出现：此刻他觉得自己就是神，他如此欣喜若狂、居高临下地变幻，正如他梦见的众神的变幻一样。人不再是艺术家，而成了艺术品：整个大自然的艺术能力，以太一的极乐满足为鹄的，在这里透过醉的颤栗显示出来了。"[①]酒神精神用一个词来概括那就是"醉境"，体现在艺术上，它让你尽情地释放自己的生命力量，被它吸引，仿佛着魔，给你"如醉如痴"的感觉，其具体体现就是表现性的艺术，如音乐。

日神精神和酒神精神各有其自身的特点，彼此互为不同，体现在艺术上，彼此也各有其自身不同的艺术类型，但二者并不是决然分割的，二者处于一种永恒的斗争中，它们都是人类的本能之一，是生命意志之体现，互相谁也不能缺少对方而单独存在，或者说，二者之间构成一种内在的张力，而"悲剧"就相当于是日神精神和酒神精神二者交配所生的孩子："只要我们不单从逻辑推理出发，而且从直观的直接可靠性出发，来了解艺术的持续发展是同日神和酒神的二元性密切相关的，我们就会使审美科学大有收益。这酷似生育有赖于性的二元性，其中有着连续不断的斗争和只是间发性的和解。…… 在希腊世界里，按照根源和目标来说，在日神的造型艺术和酒神的非造型的音乐艺术之间存在着极大的对立。两种如此不同的本能彼此共生并存，多半又彼此公开分离，相互不断地激发更有力的新生，以求在这新生中永远保持着对立面的斗争，

---

① 尼采：《悲剧的诞生》，见《悲剧的诞生：尼采美学文选》，第 6 页。

'艺术'这一通用术语仅仅在表面上调和这种斗争罢了。直到最后，由于希腊'意志'的一个形而上的奇迹行为，它们才彼此结合起来，而通过这种结合，终于产生了阿提卡悲剧这种既是酒神的又是日神的艺术作品。"[1]

对日神精神、酒神精神、悲剧哲学的论述，在《悲剧的诞生》里自然得到了非常详细的论述，但是假如我们去整体地巡察一下尼采的所有著作，我们就会发现一个现象，他在其不同时期的作品中，都分别谈到了这个问题。这一现象一方面说明这个尼采最早思考的问题之于尼采哲思的缘发性，一方面说明尼采直到其后期都在思考同一个问题，由此可见其思想的整体性和一贯性，再一方面也说明在古希腊产生的这一文化和思想问题对于尼采哲学思考的重要性，他要不断地通过回溯古希腊这一命题来进行其哲学思考。

比如在 1882 年的《快乐的科学》中，尼采写道："生命最丰裕者，酒神式的神和人，不但能直视可怕可疑的事物，而且欢欣于可怕的行为本身以及一切破坏、瓦解、否定之奢侈；在他身上，丑恶荒唐的事情好像也是许可的，由于生殖力、致孕力的过剩，简直能够把一切沙漠造就成果实累累的良田。"[2]这里主要凸显了酒神精神的力量。

在 1888 年的《偶像的黄昏》中，尼采写道："我引入美学的对立概念，日神的和酒神的，二者被理解为醉的类别，究竟是

---

① 尼采：《悲剧的诞生》，见《悲剧的诞生：尼采美学文选》，第 2—3 页。

② 尼采：《快乐的科学》（节译），见《悲剧的诞生：尼采美学文选》，第 253—254 页。

什么意思呢？——日神的醉首先使眼睛激动，于是眼睛获得了幻觉能力。画家、雕塑家、史诗诗人是卓越的（par excellence）幻觉家。在酒神状态中，却是整个情绪系统激动亢奋，于是情绪系统一下子调动了它的全部表现手段和扮演、模仿、变容、变化的能力，所有各种表情和做戏本领一齐动员。"[①]"我是第一个人，为了理解古老的、仍然丰盛乃至满溢的希腊本能，而认真对待那名为酒神的奇妙现象：它唯有从力量的过剩得到说明。"[②]

在1888年的《看哪，这人》中，尼采写道："最近我还在《偶像的黄昏》中表明，我如何借此而找到了'悲剧的'这个概念，找到了关于何为悲剧心理的终极知识。'肯定生命，哪怕是在它最异样最艰难的问题上；生命意志在其最高类型的牺牲中，为自身的不可穷竭而欢欣鼓舞——我称这为酒神精神，我把这看作通往悲剧诗人心理的桥梁。不是为了摆脱恐惧和怜悯，不是为了通过猛烈的宣泄而从一种危险的激情中净化自己（亚里士多德如此误解）；而是为了超越恐惧和怜悯，为了成为生成之永恒喜悦本身——这种喜悦在自身中也包含着毁灭的喜悦……'"[③]

在1901年的遗著《权力意志》中，尼采写道："悲剧艺术，富于上述两种经验（即阿波罗式的意求现象的经验以及狄奥尼索斯式的力求生成的经验——引者），被描写为阿波罗和狄奥尼索斯的和解：现象被赋予最深的意蕴，通过狄奥尼索斯：

① 尼采：《偶像的黄昏》（节译），见《悲剧的诞生：尼采美学文选》，第320页。
② 尼采：《偶像的黄昏》（节译），见《悲剧的诞生：尼采美学文选》，第332页。
③ 尼采：《看哪，这人》（节译），见《悲剧的诞生：尼采美学文选》，第345页。

而这种现象其实被否定了,并且是因为快乐而被否定掉的。这一点就已经背弃了作为悲剧世界观的叔本华关于听天由命(Resignation)的学说。"①

由上面这一长串的系列梳理,我们的确可以发现,在尼采的整个美学思想中,涌动着的是一股浓浓的生命主义的美学,是对生命的不断讴歌和礼赞。

(一)尼采的美学是一种有关生命存在完整和生命意义获得的美学

尼采的哲学叫作"唯意志论"或"生命意志论"哲学,既如此,"生命"问题自然也就是其美学体系构造中的固有之义。尼采的哲学和美学其实质就是一种生命哲学和生命美学。萨弗兰斯基指出:"首先通过他(指尼采——引者),'生命'这个词当时获得了一个新的声誉,变得神秘和诱人"②,"尼采的生命哲学把'生命'从19世纪晚期那决定论的拘厄里扯出,把它那独特的自由交还给它。那是艺术家面对自己著作的自由。我愿意是我生命的诗人"③。我国台湾著名学者陈鼓应先生也正确地认识到这一点:"西洋哲学史上,有三个具有开创性思

① 尼采.《权力意志》(上卷),孙周兴译,北京:商务印书馆,2011年版,第137页。

② 萨弗兰斯基:《尼采思想传记》,卫茂平译,上海:华东师范大学出版社,2007年版,第377页。

③ 萨弗兰斯基:《尼采思想传记》,卫茂平译,上海:华东师范大学出版社,2007年版,第379页。

想的人物。他们便是柏拉图、洛克、尼采——他们每人都开启了一个新的哲学方向——柏拉图奠定形上学的基础，洛克开知识论之先河，尼采则首创生命哲学。"①香港中文大学著名学者刘昌元教授指出，尼采哲学实际上是对自苏格拉底以来"西方重理性主义的传统在现代文化与价值领域带来的危机"②的反思，而反思的结果就是通过重建古希腊艺术精神以实现对生命精神的伸展。尼采对生命哲学的伸张，是与其对悲观主义、颓废主义、虚无主义的批判联系在一起的。在尼采看来，从古希腊的柏拉图哲学、伊壁鸠鲁主义到中世纪的基督教哲学和近代如莱布尼茨、康德等的理性主义哲学，他们所犯的一个重大的错误就是"把一些抽象的观念铺排而成一个虚构的世界，把虚构的世界当作'实在界'，而后又把实在界说得极其渺茫，极其怪诞"③，"人们捏造了一个理想的世界，在此意义上就使实在丧失了它的价值、意义和真实性"④。也就是说，从古到今的哲学，都忽视和压抑了人的真实的生命；所谓的悲观主义、颓废主义、虚无主义，其本质即在于丧失了对人的真实生命的把握；而尼采之所以要重振人的生命力量和倡扬一种生命哲学，其根本原因也正是有感于此。可以说，对这样一种生命精神的张扬是贯穿尼采哲学和美学思想始终的，从早期的悲剧精神到后来的权力意志、超人哲学，莫不如此。在 1883

① 陈鼓应：《尼采新论》，北京：中华书局，2015 年版，第 24 页。

② 刘昌元：《尼采》，台北：联经出版事业股份有限公司，2016 年版，第 35 页。

③ 陈鼓应：《尼采新论》，北京：中华书局，2015 年版，第 26 页。

④ 尼采：《瞧，这个人》，孙周兴译，北京：商务印书馆，2021 年版，第 2 页。

年的《查拉图斯特拉如是说》中，尼采说："每一种没有带来一阵大笑的真理，在我们看来都是虚假的！"①这句话的大概意思就是我们每天都要追求属于自己的快乐，要乐观地面对一切问题，如果哪一天我们没有艺术和快乐，我们就算是辜负了我们自己。在1888年的《偶像的黄昏》中，尼采指出："'自在之美'纯粹是一句空话，从来不是一个概念。在美之中，人把自己树为完美的尺度；在精选的场合，他在美之中崇拜自己。一个物种舍此便不能自我肯定……人相信世界本身充斥着美，——他忘了自己是美的原因……归根到底，人把自己映照在事物里，他又把一切反映他的形象的事物认作美的：'美'的判断是他的族类虚荣心……人把世界人化了，仅此而已。"②"没有什么是美的，只有人是美的：在这一简单的真理上建立了全部美学，它是美学的第一真理。我们立刻补上美学的第二真理：没有什么比衰退的人更丑了，——审美判断的领域就此被限定了。"③进一步肯定了人类生命与审美活动之间的关系。到了1901年的《权力意志》中，尼采进一步浓缩成这样一个命题："艺术世界观：面对生命。"④

艺术和审美的本质在于生命，这就是尼采的美学所要告诉我们的最终秘密，所以我们去阅读尼采著作的时候，可以看

① 尼采：《查拉图斯特拉如是说》，见《尼采著作全集》第四卷，孙周兴译，北京：商务印书馆，2017年版，第339页。

② 尼采：《偶像的黄昏》（节译），见《悲剧的诞生：尼采美学文选》，第322页。

③ 尼采：《偶像的黄昏》（节译），见《悲剧的诞生：尼采美学文选》，第322页。

④ 尼采：《权力意志——重估一切价值的尝试》，张念东、凌素心译，北京：商务印书馆，1998年版，第639页。

到"生命"一词到处出现，是其著作中的一个关键词。尼采之所以要如此推崇生命，一方面自然是要在思想上清算叔本华以来的那种悲观主义的哲学，要清算基督教的禁欲主义的虚假道德观；一方面是要去批判现代人和社会的颓废主义，一种生命力的退化，所以他要通过日神和酒神精神的张扬来提振现代人的生命活力；再一方面当然是通过对人的完整的生命存在意义的追求，去建构一种他渴望的"未来美学"，一种未来的"后形而上学的生命主义的美学"。

在《悲剧的诞生》中，尼采提出日神精神、酒神精神并以此为基础去探讨希腊悲剧的诞生问题，也有此目的。

在《看哪，这人》（又译为《看哪这人》《瞧，这个人》《瞧这个人》等）中，尼采指出了《悲剧的诞生》的两大贡献："这本书（指《悲剧的诞生》——引者）有两大决定性的革新，其一，是对希腊人那里的狄奥尼索斯现象的理解：本书给出了有关狄奥尼索斯现象的第一门心理学，它在这个现象中看到了整个希腊艺术的唯一根源。其二，是对苏格拉底主义的理解：本书首次认识到，苏格拉底乃是希腊解体和消亡的工具，是一个典型的颓废者（décadent）。'理性'反对本能。'理性'无论如何都是危险的，都是埋葬生命的暴力！"[1]其中第一个革新无疑就是指其通过对狄奥尼索斯现象的理解张扬了一种来自古希腊的生命精神，第二个革新就是让我们认识到，在苏格拉底及其之后，古希腊的文化已经由于理性主义的兴起而变味了，已经在

---

① 尼采：《瞧，这个人》，见《尼采著作全集》第六卷，孙周兴等译，北京：商务印书馆，2016 年版，第 394—395 页。

慢慢朝着脱离前苏格拉底时代充斥在古希腊文化中的旺盛的生命活力这样一个方向倾斜了，也就是，希腊文化中的生命活力也在慢慢退化、萎缩，直到现在彻底消失。在《悲剧的诞生》中，尼采批判了欧里庇得斯的戏剧，由于欧里庇得斯受到苏格拉底的"理解然后美"的观点的影响，他的戏剧创作远离了日神精神和酒神精神，也就丧失了真正的戏剧的生命。"欧里庇得斯要把戏剧独独建立在日神基础之上是完全不成功的，他的非酒神倾向反而迷失为自然主义的非艺术的倾向，那么，我们现在就可以接近审美苏格拉底主义的实质了，其最高原则大致可以表述为'理解然后美'，恰与苏格拉底的'知识即美德'彼此呼应。欧里庇得斯手持这一教规，衡量戏剧的每种成分——语言，性格，戏剧结构，歌队音乐；又按照这个原则来订正它们。"[1]"渎神的欧里庇得斯呵，当你想迫使这临终者再次欣然为你服务时，你居心何在呢？它死在你粗暴的手掌下，而现在你需要一种伪造的冒牌的神话，它如同赫拉克勒斯的猴子那样，只会用陈旧的铅华涂抹自己。而且，就像神话对你来说已经死去一样，音乐的天才对你来说同样已经死去。即使你贪婪地搜掠一切音乐之园，你也只能拿出一种伪造的冒牌的音乐。由于你遗弃了酒神，所以日神也遗弃了你；从他们的地盘上猎取全部热情并将之禁锢在你的疆域内吧，替你的主角们的台词磨砺好一种诡辩的辩证法吧——你的主角们仍然只有模仿的冒充的热情，只讲模仿的冒充的语言。"[2]批判理性

---

① 尼采：《悲剧的诞生》，见《悲剧的诞生：尼采美学文选》，第 52 页。
② 尼采：《悲剧的诞生》，见《悲剧的诞生：尼采美学文选》，第 43 页。

主义,尼采也就是在为自己所要张扬的生命意志而鼓与呼。当然,尼采不仅仅批判理性主义,他还通过批判基督教的道德所带来的颓废主义和虚无主义来张扬一种生命主义:"全书(指《悲剧的诞生》——引者)对于基督教保持了一种深深的、敌意的沉默。基督教既不是阿波罗的,也不是狄奥尼索斯的;基督教否定一切审美的价值——那是《悲剧的诞生》唯一承认的价值;基督教在最深刻的意义上是虚无主义的,而狄奥尼索斯象征却达到了肯定的极端界限。"①所谓的"狄奥尼索斯象征却达到了肯定的极端界限",这个界限也就是达到了肯定生命的顶点。

　　"当时在这本成问题的书里(指《悲剧的诞生》——引者),我的本能,作为生命的一种防卫本能,起来反对道德,为自己创造了生命的一种根本相反的学说和根本相反的评价,一种纯粹审美的、反基督教的学说和评价。何以名之?作为语言学家和精通词义的人,我为之命名,不无几分大胆——因为谁知道反基督徒的合适称谓呢?——采用一位希腊神灵的名字:我名之为酒神精神。"②在日神精神和酒神精神二者之中,当然尼采更倾向于酒神精神,因为在他看来,酒神精神更代表生命意志的本质,悲剧虽然由日神精神和酒神精神一起构成,但毫无疑问,酒神精神更是其核心。但当然,尼采并没有忘记日神精神,日神精神同样是生命意志之象征,它和酒神精神一

①　尼采:《瞧,这个人》,见《尼采著作全集》第六卷,孙周兴等译,北京:商务印书馆,2016 年版,第 395 页。

②　尼采:《自我批判的尝试》,见《悲剧的诞生:尼采美学文选》,第 277 页。

样,都是人的生命意志和生命本能的表现。有些学者把日神精神说成是人的一种理性能力,如陈鼓应说"阿波罗精神表现出一种静态的美,把苍苍茫茫的宇宙化成理性上的清明世界"①,这是不对的,对此一点周国平先生当然也早已指出过,在其《悲剧的诞生》"译序"中,周国平先生说:"日神冲动既为制造幻觉的强迫性冲动,就具有非理性性质。有人认为日神象征理性,乃是一种误解。"②鉴于此问题经常被人搞错,在此有必要再一次强调指出。

日神精神和日神艺术是为了让人在一种审美的幻梦中来克服悲观主义,来忘记现实生命的痛苦,来解脱人生的苦难,获得生命中的短暂的安宁;而酒神精神和酒神艺术则是要恢复人的生命的感觉,直面现实的苦痛,并在沉醉中喷射人的生命的活力,让人在一种审美的冲动中唤起一种生命的觉醒。"审美状态是两面的:一方面是丰富和赠送,另一方面是寻求和渴慕。"③"丰富和赠送"指的是酒神精神,"寻求和渴慕"指的是日神精神。二者其实有同样的指向,即实现自我与世界的同一,只不过酒神精神是自我生命的漫溢,而日神精神是指由于自身的缺乏而渴求与世界的契合。"前一种欲望(指日神精神——引者)永远意求现象,在它面前人变得寂静,心满意足,大海般平滑,得到了康复,得以与自身和万物相契合;第二种欲望(指酒神精神—— 引者)力求生成,力求使之生成的快感,

---

① 陈鼓应:《悲剧哲学家尼采》,北京:三联书店,1994 年版,第 25 页。

② 尼采:《悲剧的诞生:尼采美学文选》,译序,第 2 页。

③ 尼采:《作为艺术的强力意志》,见《悲剧的诞生:尼采美学文选》,第 377 页。

亦即创造和毁灭的快感。"①日神精神是要实现自身与万物的契合,酒神精神的最高境界同样是要与整个宇宙及其所代表的生命意志合一,是要让人融入到这大荒宇宙中,实现一种生命的完整。日神精神和酒神精神表现出的形式都是"醉",前者是"幻醉",后者是"沉醉",二者在某种程度上也都有其克服生活痛苦、实现生命完整、寻找生命意义的功能。当然,从悲剧艺术的角度来说,如果各自局限于自身,则还是有所欠缺,只有在悲剧艺术中,才彻底化解日神精神和酒神精神的对立,构造成一完整的艺术,在日神和酒神的张力中真正体现生命的完整、世界的完整。

不管怎么说,艺术和审美的本质就是要肯定生命,实现人和人之间的团结、人和世界之间的团结。对人来说,艺术的本质是"生命的最高使命和生命本来的形而上活动"②,人类之所以需要艺术,就是要"召唤艺术进入生命的这同一冲动,作为诱使人继续生活下去的补偿和生存的完成"③,无论是日神的幻象还是酒神的直面生存的痛苦,无论是日神艺术带给人的短暂安宁慰藉还是酒神艺术带给人的生命力的提振,都是为了让我们的生存变得更有合理性,为我们活下去找到一个合适的理由:"艺术拯救他们,生命则通过艺术拯救他们而

① 尼采:《权力意志》(上卷),孙周兴译,北京:商务印书馆,2011年版,第136页。
② 尼采:《悲剧的诞生》,见《悲剧的诞生:尼采美学文选》,第2页。
③ 尼采:《悲剧的诞生》,见《悲剧的诞生:尼采美学文选》,第12页。

自救。"①

对于尼采所真正心向往之的酒神艺术和悲剧艺术的存在之价值,尼采是这样论述的:"只有从音乐精神出发,我们才能理解对于个体毁灭所生的快感。因为通过个体毁灭的单个事例,我们只是领悟了酒神艺术的永恒现象,这种艺术表现了那似乎隐藏在个体化原理背后的全能的意志,那在一切现象之彼岸的历万劫而长存的永恒生命。对于悲剧性所生的形而上快感,乃是本能的无意识的酒神智慧向形象世界的一种移置。悲剧主角,这意志的最高现象,为了我们的快感而遭否定,因为他毕竟只是现象,他的毁灭丝毫无损于意志的永恒生命。"②原来,我们之所以需要悲剧,悲剧之所以存在,是因为悲剧形象的毁灭背后昭示着永恒的生命意志的生生不息,不断创造和生成。我们观看悲剧所生的快感,与其说是我们个人的快感,毋宁说是世界中的永恒生命意志自身的快乐在向我们传达和昭示。在这种传达和昭示中,我们人类个体实现了和永恒的生命意志的认同、同一。从这个角度也可以说,不是悲剧艺术和酒神艺术因我们而存在,而是我们因悲剧艺术和酒神艺术而存在;不是我们创造了悲剧艺术和酒神艺术,而是世界的生生不息的生命意志本身就是一种艺术,它在不断地向我们显示自身。

---

① 尼采:《悲剧的诞生》,见《悲剧的诞生:尼采美学文选》,第28页。
② 尼采:《悲剧的诞生》,见《悲剧的诞生:尼采美学文选》,第70—71页。

（二）尼采的美学是一种反传统道德的伦理美学

在大众的心目中，尼采无疑是一位彻头彻尾的非道德主义者，似乎他反对世界上一切的道德，这当然有一定道理，尼采在其书中曾经不厌其烦地批判基督教的虚伪道德："人们可明白我这本书(指《悲剧的诞生》——引者)业已大胆着手于一项怎样的任务(指通过弘扬酒神精神以反抗基督教虚伪道德——引者)了吗？……我现在感到多么遗憾：当时我还没有勇气(或骄傲?)处处为如此独特的见解和冒险使用一种独特的语言，——我费力地试图用叔本华和康德的公式去表达与他们的精神和趣味截然相反的异样而新颖的价值估价！"[①]"基督教从一开始就彻头彻尾是生命对于生命的憎恶和厌倦，只是这种情绪乔装、隐藏、掩饰在一种对'彼岸的'或'更好的'生活的信仰之下罢了。仇恨'人世'，谴责激情，害怕美和感性，发明出一个彼岸以便诽谤此岸，归根到底，一种对于虚无、末日、灭寂、'最后安息日'的渴望——这一切在我看来，正和基督教只承认道德价值的绝对意志一样，始终是'求毁灭的意志'的一切可能形式中最危险最不祥的形式，至少是生命病入膏肓、疲惫不堪、情绪恶劣、枯竭频发的征兆，——因为，在道德(尤其是基督教道德即绝对的道德)面前，生命必不可免地永远是无权的，因为生命本质上是非道德的东西，——最后，在蔑视和永久否定的重压之下，生命必定被感觉为不值得渴

---

① 尼采：《自我批判的尝试》，见《悲剧的诞生：尼采美学文选》，第 277 页。

望的东西,为本身无价值的东西。道德本身——怎么,道德不会是一种'否定生命的意志',一种隐秘的毁灭冲动,一种衰落、萎缩、诽谤的原则,一种末日的开始吗？因而不会是最大的危险吗？……所以,当时在这本成问题的书里(指《悲剧的诞生》——引者),我的本能,作为生命的一种防卫本能,起来反对道德,为自己创造了生命的一种根本相反的学说和根本相反的评价,一种纯粹审美的、反基督教的学说和评价,何以名之？作为语言学家和精通词义的人,我为之命名,不无几分大胆——因为谁知道反基督徒的合适称谓呢？——采用一位希腊神灵的名字:我名之为酒神精神。"①

对于艺术的认识,他强调艺术的非道德化,反对从道德的角度来评价艺术:"在致理查德·瓦格纳的前言中,艺术——而不是道德——业已被看作人所固有的形而上活动;在正文中,又多次重复了这个尖刻的命题:只是作为审美现象,人世的生存才有充足理由。事实上,全书只承认一种艺术家的意义,只承认在一切现象背后有一种艺术家的隐秘意义,——如果愿意,也可以说只承认一位'神',但无疑仅是一位全然思辨、非道德的艺术家之神。"②强调艺术审美所具有的形而上的精神拯救意义,艺术的人生化和人生的艺术化的统一,但又认为这是非道德的,这是尼采美学的要义。他对历史上从道德的角度评价日神艺术和酒神艺术及其中人物的做法非常反感:"关于听众的日神兴奋和酒神兴奋,我们的美学家都不能

① 尼采:《自我批判的尝试》,见《悲剧的诞生:尼采美学文选》,第276—277页。
② 尼采:《自我批判的尝试》,见《悲剧的诞生:尼采美学文选》,第275页。

赞一词,相反,他们不厌其烦地赘述英雄同命运的斗争,世界道德秩序的胜利,悲剧所起的感情宣泄作用,把这些当作真正的悲剧因素。"[①]这其实是在批评亚里士多德的净化美学,认为其过度强调了悲剧的道德价值,而不能从悲剧所带给人的艺术的愉悦、兴奋的角度来认识艺术。

但尼采真的完全抛弃了道德吗?对此问题,我还是比较赞同舍斯托夫的观点:"他(指尼采——引者)说到,他最关心的核心问题是道德问题,说这是他的个人问题,他的整个命运都与这一问题密切相关。……他的'体验'所与之关联的,并非处于他人兴趣之外的抽象问题,而是我们的整个生活由之形成的那一切。"[②]保尔·瓦莱里虽然批判尼采,但是他也说:"关于他(指尼采——引者)最有趣的方面,是他对以理服人的态度和他对道德规范的关心","他想致力于伦理学","他那种伦理学引起了我很大的兴趣"[③],等等。尼采一直在反对传统的道德,不正说明道德在其心目中的重要地位吗?他在反对某种道德的时候,内心中有没有某种倾向的道德观呢?答案是不言而喻的。在《悲剧的诞生》中,尼采指出酒神艺术中"最崇高的道德行为,同情、牺牲、英雄主义的冲动,以及被日神的希腊人称作'睿智'的那种难能可贵的灵魂的宁静"[④]。这句话

---

① 尼采:《悲剧的诞生》,见《悲剧的诞生:尼采美学文选》,第 97 页。

② 舍斯托夫:《托尔斯泰与尼采学说中的善》,见《舍斯托夫全集》第二卷,张冰译,北京:商务印书馆,2019 年版,第 111 页。

③ 瓦莱里、纪德:《嚼着玫瑰花瓣的夜晚:瓦莱里与纪德通信选》,吴康茹、郭莲译,北京:经济日报出版社,2012 年版,第 190 页。

④ 尼采:《悲剧的诞生》,见《悲剧的诞生:尼采美学文选》,第 65 页。

其实已经透露出尼采并非完全反一切道德的，他对古希腊悲剧中的英雄和神的崇高的道德就很是赞赏。按道理来说，尼采反对艺术中的一切道德化的倾向，那么尼采就势必要走向一种形式主义的美学，一种为艺术而艺术的美学，但事实并不是这样的："反对艺术中的目的的斗争，始终是反对艺术中的道德化倾向、反对把艺术附属于道德的斗争。为艺术而艺术意味着：'让道德见鬼去吧！'——然而，这种敌视仍然暴露了成见的支配。如果把道德劝诫和人性改善的目的从艺术中排除出去，那么，不用多久就会产生一个后果：艺术完全是无目的、无目标、无意义的，简言之，为艺术而艺术——一条咬住自己尾巴的蛔虫。"[①]在这里，他把"为艺术而艺术"的主张称为"一条咬住自己尾巴的蛔虫"，原因就在于这种主张在完全驱除艺术中的道德化倾向的时候，也会把所有其他的意义都一起排除掉，而这是尼采所不愿看到的。

　"我们的宗教、道德和哲学是人的颓废形式。相反的运动：艺术。"[②]尼采的这句话其实已经透露出，他反对的并不是一切形式的道德，他反对的只是那种颓废化的道德，这种颓废化的道德既包括苏格拉底之后的那种僵化的理性主义道德，也包括基督教的那种禁欲主义的道德，因为它们都是对人的生命意志的禁锢，故其是尼采要反对的。而尼采之所以在某种程度上提出艺术的非道德化，就是因为要通过艺术来反对那种虚伪的道德，并认为艺术中所传达的那种强健的生命意

---

① 尼采：《偶像的黄昏》（节译），见《悲剧的诞生：尼采美学文选》，第325页。

② 尼采：《作为艺术的强力意志》，见《悲剧的诞生：尼采美学文选》，第348页。

志克服和战胜了那种虚弱、颓废的道德。

但尼采本身并不是不要一切形式的道德,他的美学跟伦理学并不是完全不相容的,如果用我的话来说,他要提倡的是一种"未来形式"的道德,而这种"未来形式"的道德才能和它所渴望的"未来形式"的艺术和"未来形式"的美学相匹配。试想一下,一种让人生美化、让人的生命活得更有意义,让人的生命存在变得更完整的艺术和美学,怎么可能其中没有任何的道德倾向呢? 只不过这种形式的道德或者伦理美学还不存在于当前,而只能寄望于未来的社会。未来的美学应该是在未来的社会中,所建构的一种适应于人的生存需要、符合人性的美学,它是美好社会、美好人性、美好艺术的三者的统一和契合,而这其中伦理的维度自然是其应有之义。

尼采在其著作中,曾经提出"审美良知"一词,这个概念足可见出其伦理美学的一面:"毫无审美良知的人。——一个艺术派别的真正狂信者是那些完全非艺术的天性,他们对于艺术学说和艺术才能的基本概念一窍不通,却最强烈地被一种艺术的所有初步效果所俘虏。对于他们来说,不存在审美良知——因此没有任何东西能够阻止他们狂信。"[1]审美不仅仅是一种形式,而且是一种良知,我们要听从良知的召唤,如果丧失了这种审美良知,则我们在艺术上也会丧失我们的判断力。

从尼采对传统道德的反对和批判来说,我们可以说尼采

---

[1] 尼采:《观点与格言杂编》(节录),见《悲剧的诞生:尼采美学文选》,周国平译,上海:上海译文出版社,2019年版,第351页。

是非道德的;但从尼采自己对其自己所认可的某种理想的道德倾向的追求来说,则我们也可以说尼采美学中是有其伦理维度的。尼采的美学,是一种非道德的道德美学或伦理美学。这种伦理美学显然不是传统意义上的那种伦理美学,而是一种有着尼采自己鲜明特色的,是尼采自己基于对"道德何为"的界定基础上的那样一种伦理美学。这种伦理美学,我们也可以称之为一种"后伦理"的"伦理美学"或"后伦理美学"。尼采在 19 世纪后半叶,在重估一切价值的实践中,以其对传统道德的批判和对一种新的道德价值观的呼唤,竟然开创了一种新的伦理美学。21 世纪开始,西方美学又在纷纷开始所谓的"伦理美学"转向,尼采的这种美学研究或者其美学中所蕴含的新的伦理维度,无疑对我们当前的美学研究很有启示。

(三)尼采的美学是一种身心一体自由的美学

尼采的哲学和美学以反悲观主义、反颓废主义著称,这使得他的美学尤其强调人类生命的身心一体的健康和发展,尤其强调身体和心灵上面的双重自由舒展。"自由"在尼采哲学中也是一个关键词,我们都知道尼采有一本书叫作《人性的,人人性的》,其副标题就是"一本献给自由精灵的书",足可见"自由"之于尼采哲学和美学的意义:"人们可以猜测,自由精灵的类型有一天在一种精灵中达到了完美的成熟与甜蜜,而这样一种精灵已经决定性地经历了一场大解脱。……一种意志和愿望觉醒了,更不惜一切代价地离去,无论去向哪里;在它的一切感觉中都燃烧着、躁动着一种对一个尚未发现的世界的强烈而危险的好奇心。"[1]这里所谓的自由精灵由束缚而到解脱指的就是去追求自由的生命意志的过程。

"在序言中(指《悲剧的诞生》的序言——引者),邀请了理查德·瓦格纳参与对话,其中业已表明了这一信念,这一艺术福音:'艺术是生命的本来使命,艺术是生命的形而上活动……'"[2]"艺术主要和首先应该美化生命,从而使我们在别人看来可以忍受,可能的话还感到愉快"[3],也就是说,艺术是为了人的生命的,是为了人的生命的自由发展的,是为了人的心灵和精神感到愉快的,正是从这个角度说,艺术是对人的生命的美化,是生命的形而上活动。

在尼采看来,日神阿波罗身上和酒神狄奥尼索斯身上都体现了人的性欲和情欲,都是人的生命意志和生命力的一种展现:"日神状态,酒神状态。艺术本身就像一种自然的强力一样借这两种状态表现在人身上,支配着他,不管他是否愿意,或作为驱向幻觉之迫力,或作为驱向放纵之迫力。……两者都在我们身上释放艺术的强力,各自所释放的却不相同:梦释放视觉、联想、诗意的强力,醉释放姿态、激情、歌咏、舞蹈的强力。"[4]这里的这种释放既是身体上的释放也是心理上的释

① 尼采:《人性的,太人性的》,见《尼采全集》第二卷,杨恒达译,北京:中国人民大学出版社,2017年版,第6页。

② 尼采:《作为艺术的强力意志》,见《悲剧的诞生:尼采美学文选》,第387页。

③ 尼采:《观点与格言杂编》(节录),见《悲剧的诞生:尼采美学文选》,周国平译,上海:上海译文出版社,2019年版,第360页。

④ 尼采:《作为艺术的强力意志》,见《悲剧的诞生:尼采美学文选》,第349页。

放。从身体上来说，"艺术使我们想起动物活力的状态；它一方面是旺盛的肉体活力向形象世界和意愿世界的涌流喷射，另一方面是借助崇高生活的形象和意愿对动物性机能的诱发；它是生命感的高涨，也是生命感的激发。"[①]这就是尼采所谓的"艺术生理学"。从心理上来说，就是"陶醉"，是"内心要求用事物反映自身的充盈与完满"[②]，这就是所谓的"艺术心理学"，而艺术生理学和艺术心理学在尼采那里本来就是统一的，相应的健康的心理适配着相应的舒展充盈的心灵，故而很难想象一个艺术家没有强健的身体或者没有充盈的心灵，这都是不可能的。"一切艺术有健身作用，可以增添力量，燃起欲火（即力量感），激起对醉的全部微妙的回忆，——有一种特别的记忆潜入这种状态，一个遥远的稍纵即逝的感觉世界回到这里来了。"[③]同理，一切艺术也都有健心的作用。对一个人来说，身体生理上的活力与心理精神上的活力的统一和同步发展，才显示其为一个真正完整的人。艺术创作对艺术家强健身体和心理的要求，以及艺术作品对艺术欣赏者身体和心灵方面的双重滋养，足以表明艺术审美在推动人的自由全面发展方面的巨大作用，艺术中的审美自由，是一种全面的自由和发展，它既是身体方面的自由，也是心灵方面的自由，是身体和心灵统一和协调发展的自由。

---

① 尼采:《作为艺术的强力意志》，见《悲剧的诞生:尼采美学文选》，第351页。

② 尼采:《重估一切价值》(上卷)，林笳译，上海:华东师范大学出版社，2014年版，第458页。

③ 尼采:《作为艺术的强力意志》，见《悲剧的诞生:尼采美学文选》，第357页。

关于艺术审美的自由特点或者说其对推动人类自由获得的作用，尼采在《悲剧的诞生》中借助对酒神精神和悲剧艺术的论述也有所提及："在酒神的魔力之下，不但人与人重新团结了，而且疏远、敌对、被奴役的大自然也重新庆祝她同她的浪子人类和解的节日。……。此刻，奴隶也是自由人。此刻，贫困、专断或'无耻的时尚'在人与人之间树立的僵硬敌对的樊篱土崩瓦解了。此刻，在世界大同的福音中，每个人感到自己同邻人团结、和解、款洽，甚至融为一体了。"[①]在审美的时刻，即使"奴隶也是自由人"，更何况其他人呢？其实不管你在现实中是什么身份，在艺术中你都是"自由人"，所以审美的本质根本就是"自由"。后来我国美学家讲"美是自由的象征"（高尔泰）、"美是自由的形式"（李泽厚）、"美是自由的形象"（蒋孔阳）、"美是自由的境界"（潘知常）、"美是自由的生存"（杨春时），等等，是抓住了审美的这一个本质的，在其中，尼采的影响肯定是有的。对于艺术审美的自由，尼采还论述道："悲剧在其音乐的普遍效果和酒神式感受的听众之间设置了神话这一种崇高的譬喻，以之唤起一种假象，仿佛音乐只是激活神话造型世界的最高表现手段。悲剧陷入这一高贵的错觉，于是就会手足齐动，跳起酒神颂舞蹈，毫不踌躇地委身于一种欢欣鼓舞的自由感，觉得它就是音乐本身；没有这一错觉，它就不敢如此放浪形骸。神话在音乐面前保护我们，同时惟有它给予音乐最高的自由。作为回礼，音乐也赋予悲剧神话一种令人如此感动和信服的形而上的意义，没有音乐的帮

① 尼采：《悲剧的诞生》，见《悲剧的诞生：尼采美学文选》，第6页。

助,语言和形象决不可能获得这样的意义。尤其是凭借音乐,悲剧观众会一下子真切地预感到一种通过毁灭和否定达到的最高快乐,以致他觉得自己听到,万物的至深奥秘分明在向他娓娓倾诉。"[①]其实尼采的这段话里还透露出一个信息,即其所谓的自由固然是人所感受到的自由,是人(艺术家和艺术欣赏者)的身体和心理上的自由,但是又不仅仅如此,人所感受到的身体和心灵的自由其实来源于作为世界本体的生命意志本身的自由展现,我们人自身的身体和心灵的自由只是对作为世界本体的生命意志的这种自由展现的一种接纳和顺应,是因为他听到了"万物的至深奥秘分明在向他娓娓倾诉","预感到一种通过毁灭和否定达到的最高快乐",这才是一种至高意义的自由,我们的主体的自由来源于此。尼采对自由的这样一种看法又和我们一般熟悉的近代启蒙主义思想家们所谓的"审美自由"有所不同吧,而这也正彰显了尼采美学本身的独特性。

(四)尼采的美学是一种乐感美学

在此我把尼采的美学定位为一种"乐感美学",作为其感性论生命美学的一个组成部分。众所周知,尼采有一本书就叫作《快乐的科学》,他所谓的"科学"自然不是我们现在意义上的"自然科学",与其说是"快乐的科学",不如说是"快乐的艺术""快乐的美学":"我们有时必须离开自己休息片刻,即从

---

① 尼采:《悲剧的诞生》,见《悲剧的诞生:尼采美学文选》,第 91 页。

一个人为的远处，了望和俯视我们自己，为我们自己一笑，或为我们自己一哭；我们必须发现藏在我们求知热情中的英雄和傻子，我们必须间或欣喜于我们的愚蠢，以求能够常乐于我们的智慧！……我们需要一切恣肆、飘逸、舞蹈、嘲讽、傻气、快乐的艺术，以求不丧失我们的理想所要求于我们的那种超然物外的自由。"[①]

"快乐"在尼采美学中是一个很常见的词，这也很好理解，尼采要对抗悲观主义，他把自己定位为"悲观主义哲学家的极端对立面和对跖者"[②]，他就必然要诉诸一种乐天向上的、积极健康的精神。翻阅我平时做的学术笔记，发现过去某个时候我曾经在笔记中随手写下这样一段话："叔本华的意志是悲苦的，尼采的意志是求生命的意志；叔本华是悲观的，尼采是乐观的；叔本华的解脱是个体式的，尼采的至乐则融汇了个体与宇宙境界；叔本华的审美是短暂的幻象，而尼采的审美直达生命的本体和永恒；叔本华的审美是逃离，尼采的审美是直面生命的苦难并克服之，是在挑战生命的极限中获得生命的意义和整全；叔本华的审美是优美式的，尼采的审美虽不乏优美，但更是崇高式的；叔本华的审美是幻象的直观，尼采的审美是在直观中而有一种形而上的拯救；叔本华的审美是静态的，尼采的审美是动态的，是狂放恣肆的。"现在看来，也基本没什么问题，尤其对叔本华和尼采美学中的悲观和乐观的区别和对

① 　尼采：《快乐的科学》（节译），见《悲剧的诞生：尼采美学文选》，第245页。
② 　尼采：《瞧，这个人》，见《尼采著作全集》第六卷，孙周兴等译，北京：商务印书馆，2016年版，第397页。

比正相契合这里的主题。

尼采在《悲剧的诞生》中通过回溯古希腊日神和酒神文化奠定了一种悲剧精神，但他的悲剧精神是一点也不悲苦的，恰恰相反，他要以一种强大的生命意志的释放来超越这种现实生命中到处能够遇见的悲苦，或者说，他认为有意义的人生应该是悲中有欣，悲欣交集，并在直面悲中而超越悲并达到一种欣喜的境界的。

我们去阅读《悲剧的诞生》，是经常可以看到诸如"快乐""快感""欢欣""欢乐""乐天""乐趣""欣喜""狂喜""嬉戏""喜悦"等这样一些词汇的，比如他说："艺术家的生成之快乐，反抗一切灾难的艺术创作之喜悦，毋宁说只是倒映在黑暗苦海上的一片灿烂的云天幻景罢了。"[①]"每部真正的悲剧都用一种形而上的慰藉来解脱我们：不管现象如何变化，事物基础之中的生命仍是坚不可摧和充满欢乐的。"[②]"只有作为一种审美现象，人生和世界才显得是有充足理由的。在这个意义上，悲剧神话恰好要使我们相信，甚至丑与不和谐也是意志在其永远洋溢的快乐中借以自娱的一种审美游戏。"[③]艺术和悲剧给人带来的快乐和喜悦，是一种生命本身的快乐，它既是形而下的，更是形而上的。

"日神本身理应被看作个体化原理的壮丽的神圣形象，他

---

① 尼采：《悲剧的诞生》，见《悲剧的诞生：尼采美学文选》，第38页。

② 尼采：《悲剧的诞生》，见《悲剧的诞生：尼采美学文选》，第28页。

③ 尼采：《悲剧的诞生》，见《悲剧的诞生：尼采美学文选》，第105页。

的表情和目光向我们表明了'外观'的全部喜悦、智慧及其美丽。"①"梦的静观有一种深沉内在的快乐。另一方面,为了能够带着静观的这种快乐做梦,就必须完全忘掉白昼及其烦人的纠缠。"②日神精神和日神艺术让人沉迷于审美的幻象中,它给人带来的是遗忘和解脱人生苦难的快乐,是让人自失于审美幻象中的快乐,是让人享受短暂的心灵安宁的快乐,是停留于对象感性优美形式的快乐,是依赖于叔本华所谓个体化原理的独属于个体的快乐。

对于酒神精神和酒神艺术来说:"在这惊骇之外,如果我们再补充上个体化原理崩溃之时从人的最内在基础即天性中升起的充满幸福的狂喜,我们就瞥见了酒神的本质,把它比拟为醉乃是最贴切的。或者由于所有原始人群和民族的颂诗里都说到的那种麻醉饮料的威力,或者在春日熠熠照临万物欣欣向荣的季节,酒神的激情就苏醒了,随着这激情的高涨,主观逐渐化入浑然忘我之境。还在德国的中世纪,受酒神的同一强力驱使,人们汇集成群,结成歌队,载歌载舞,巡游各地。"③"酒神艺术也要使我们相信生存的永恒乐趣,不过我们不应在现象之中,而应在现象背后,寻找这种乐趣。我们应当认识到,存在的一切必须准备着异常痛苦的衰亡,我们被迫正视个体生存的恐怖——但是终究用不着吓瘫,一种形而上的慰藉使我们暂时逃脱世态变迁的纷扰。我们在短促的瞬间真

---

① 尼采:《悲剧的诞生》,见《悲剧的诞生:尼采美学文选》,第5页。
② 尼采:《悲剧的诞生》,见《悲剧的诞生:尼采美学文选》,第13页。
③ 尼采:《悲剧的诞生》,见《悲剧的诞生:尼采美学文选》,第5页。

的成为原始生灵本身，感觉到它的不可遏止的生存欲望和生存快乐。现在我们觉得，既然无数竞相生存的生命形态如此过剩，世界意志如此过分多产，斗争、痛苦、现象的毁灭就是不可避免的。正当我们仿佛与原始的生存狂喜合为一体，正当我们在酒神陶醉中期待这种喜悦长驻不衰，在同一瞬间，我们会被痛苦的利刺刺中。纵使有恐惧和怜悯之情，我们仍是幸运的生者，不是作为个体，而是众生一体，我们与它的生殖欢乐紧密相连。"①酒神精神和酒神艺术给人带来的快乐是一种春情萌动、激情喷薄的快乐，是在直面现实的痛苦中来激发人的生命意志的快乐，是以一种最深沉最伟大的力量来压制、超越和蔑视黑暗和苦难之后的快乐，是要人实现与作为世界和宇宙本体的生命意志同一的那种至乐，是超越个体化的或所谓的"个体化原理崩溃"之后感受到的那种"天地与我并生，而万物与其为一"的快乐，是不满足于感性形式的审美而更突出一种精神上的崇高的美的快乐。

对于日神精神和酒神精神身上体现的这种快乐，尼采用了"希腊的乐天"一词来概括之，而现代德国体现在路德、贝多芬、瓦格纳身上的"德国式乐天"精神正是这种"希腊的乐天"的传承。"索福克勒斯的英雄的光影现象，简言之，化妆的日神现象，却是瞥见了自然之秘奥和恐怖的必然产物，就像用来医治因恐怖黑夜而失明的眼睛的闪光斑点。只有在这个意义上，我们才可自信正确理解了'希腊的乐天'这一严肃重要的概念。否则，我们当然会把今日随处可见的那种安全舒适心

---

① 尼采：《悲剧的诞生》，见《悲剧的诞生：尼采美学文选》，第 71 页。

境误当作这种乐天。"[1]尼采所瞩目的那种"希腊的乐天"不是苏格拉底以后由于理性的高张而导致的"乐天",也不是一种奴隶式的毫无责任的轻率的"乐天",更不是我们当今随处可见的那种浮夸的娱乐化的"乐天",而是体现在希腊悲剧中的那样一种英雄战胜悲惨处境的自信从容的"乐天",是充分彰显了人的生命意志的"乐天",是体现了一种主体的责任的"乐天"。

悲剧是日神和酒神之间的张力与融合的结果,故在审美快感上,它既有表面的美的幻象的满足,又有内在的痛苦、毁灭、死亡而彰显出的强大的生命意志而实现的对那种美的幻象所带给人的快感的否定:"悲剧神话具有日神艺术领域那种对于外观和静观的充分快感,同时它又否定这种快感,而从可见的外观世界的毁灭中获得更高的满足。悲剧神话的内容首先是颂扬战斗英雄的史诗事件。可是,英雄命运中的苦难,极其悲惨的征服,极其痛苦的动机冲突,简言之,西勒诺斯智慧的例证,或者用美学术语表达,丑与不和谐,不断地被人们以不计其数的形式、带着如此的偏爱加以描绘,特别是在一个民族最兴旺最年轻的时代,莫非人们对这一切感到更高的快感? ……它并不美化现象世界的'实在',因为它径直对我们说:'看呵! 仔细看呵! 这是你们的生活! 这是你们生存之钟上的时针!'"[2]这里所说的"更高的快感"就是悲剧中所拥有的那种因直面和暴露痛苦也就是把世界中最真实的一面揭示出

---

① 尼采:《悲剧的诞生》,见《悲剧的诞生:尼采美学文选》,第 35 页。

② 尼采:《悲剧的诞生》,见《悲剧的诞生:尼采美学文选》,第 104—105 页。

来所带来的一种最高的快感,之所以说这是一种更高的快感,是因为这更加体现了所谓的生命意志的力量。尼采有的时候也把悲剧中所蕴藏有的且能给人带来的快感称作一种"原始快乐""原始艺术快乐":"我们(指悲剧观赏者——引者)要倾听,同时又想超越于倾听之上。在对清晰感觉到的现实发生最高快感之时,又神往于无限,渴慕之心振翅欲飞,这种情形提醒我们在两种状态中辨认出一种酒神现象:它不断向我们显示个体世界建成而又毁掉的万古常新的游戏,如同一种原始快乐在横流直泻。"①悲剧的快感一是日神艺术的个体化原理带来的快感,一是这种个体化原理的毁灭也即酒神精神所带来的快感;对于悲剧的观众来说,也就是一是个体观众在欣赏悲剧中所体验的欣赏的快感,一是一种超越个体快感之后的仿佛融入集体、融入世界、融入大千之后的形而上的快感。

我们这里把尼采的美学定位为一种"乐感美学",这当然不同于李泽厚所指的中国美学的那种乐天知命、享受当下的所谓"乐感美学",而是强调一种生命意志的彰显,积极昂扬、蓬勃向上的美学。尼采批判悲观主义美学,他同样批判那种只会愚蠢地玩乐、享受和愚蠢的"自信"的乐观主义美学。他把乐观主义称为"想入非非的乐观主义"②、"乐观主义的全部虚弱教条"③、"弱不禁风"的"乐观主义"④、"打哈哈的

---

① 尼采:《悲剧的诞生》,见《悲剧的诞生:尼采美学文选》,第106页。
② 尼采:《悲剧的诞生》,见《悲剧的诞生:尼采美学文选》,第77页。
③ 尼采:《悲剧的诞生》,见《悲剧的诞生:尼采美学文选》,第79页。
④ 尼采:《悲剧的诞生》,见《悲剧的诞生:尼采美学文选》,第79页。

乐观主义"①、"妖雾一样升起的那种乐观主义"②、"贪得无厌的乐观主义"③，等等。其实在尼采的眼中，"乐观主义"只是"悲观主义"的别名。"乐观主义的胜利，占据优势的理性，实践上和理论上的功利主义（它与民主相似并与之同时），会是衰落的力量、临近的暮年、生理的疲惫的一种象征？因而不正是悲观主义吗？伊壁鸠鲁之为乐观主义者，不正因为他是受苦者吗？"④也即尼采若要反悲观主义的话就必然要反乐观主义的，所以他的"乐感美学"不能等同于乐观主义美学，无论是悲观主义还是乐观主义都是他所要批判的对象，他是要"高出于乐观主义和悲观主义的可怜的肤浅空谈之上"⑤，他的"乐感美学"，是在对抗和超越生命的苦痛中的"快乐"和"喜悦"，是人在艺术和审美活动中，所体验到的一种与天地万物同一的"至乐"，是作为世界本体的"生命意志"漫溢开来和展现自身的快乐，人自身的快乐只是对生命意志本身的快乐的一种接应罢了，或者说悲剧艺术中所能够带给人的那种快乐只是那种生命意志本身所具有的至高无上的极乐的"现象"罢了。"只有从音乐精神出发，我们才能理解对于个体毁灭所生的快感。因为通过个体毁灭的单个事例，我们只是领悟了酒神艺术的永恒现象，这种艺术表现了那似乎隐藏在个体化原理背

① 尼采：《悲剧的诞生》，见《悲剧的诞生：尼采美学文选》，第83页。

② 尼采：《悲剧的诞生》，见《悲剧的诞生：尼采美学文选》，第84页。

③ 尼采：《悲剧的诞生》，见《悲剧的诞生：尼采美学文选》，第65页。

④ 尼采《自我批判的尝试》，见《悲剧的诞生：尼采美学文选》，第275页。

⑤ 尼采：《看哪，这人》（节译），见《悲剧的诞生：尼采美学文选》，第344页。

后的全能的意志，那在一切现象之彼岸的历万劫而长存的永恒生命。对于悲剧性所生的形而上快感，乃是本能的无意识的酒神智慧向形象世界的一种移置。悲剧主角，这意志的最高现象，为了我们的快感而遭否定，因为他毕竟只是现象，他的毁灭丝毫无损于意志的永恒生命。"①悲剧主角的毁灭固然让人痛苦，但是正是通过悲剧英雄的死亡，才能展示背后那更伟大的生命意志的永恒，具体的悲剧英雄的生命只是这伟大生命意志的一个具体现身而已。正是基于这一看法，所以我们看到尼采经常讲到那种"太一"的极乐状态："人轻歌曼舞，俨然是一更高共同体的成员，他陶然忘步忘言，飘飘然乘风飞飏。他的神态表明他着了魔。就像此刻野兽开口说话、大地流出牛奶和蜂蜜一样，超自然的奇迹也在人身上出现：此刻他觉得自己就是神，他如此欣喜若狂、居高临下地变幻，正如他梦见的众神的变幻一样。人不再是艺术家，而成了艺术品：整个大自然的艺术能力，以太一的极乐满足为鹄的，在这里透过醉的颤栗显示出来了。"②"真正的存在和太一，作为永恒的痛苦和冲突，既需要振奋人心的幻觉，也需要充满快乐的外观，以求不断得到解脱。"③在悲剧中，我们可以看到"他（指悲剧英雄——引者）的强大酒神冲动又如何吞噬这整个现象世界，以便在它背后，通过它的毁灭，得以领略在太　怀抱中的最高的

---

① 尼采：《悲剧的诞生》，见《悲剧的诞生：尼采美学文选》，第70—71页。

② 尼采：《悲剧的诞生》，见《悲剧的诞生：尼采美学文选》，第6页。

③ 尼采：《悲剧的诞生》，见《悲剧的诞生：尼采美学文选》，第14页。

原始艺术快乐。"[1]"太一"是一个来自柏拉图主义者普罗提诺的词，指的是世界的最高本体，在尼采那里，"太一"指的就是作为世界和宇宙本体的生命意志。伟大的生命意志的不断转化、生成本身就是一部宇宙的戏剧，其中内在就自然不断酝酿和生成着自身的欢欣、快乐，人借助悲剧艺术而展现、传达和体验到的欢欣、快乐，实际上都来源于此，或者说只是对这伟大的宇宙戏剧的模仿，是对宇宙生命意志的接应，或者说是这伟大的生命意志借助人类和人类的戏剧来进行"现身"和"显像"，在作为世界本体的伟大的生命意志面前，任何一个个体的悲剧艺术家、个体的艺术欣赏者其实都是一个过客，都是伟大的生命意志借以实现自身的一个砝码。但这当然并不是说现实的具体的艺术家及其创作就没有意义，恰恰相反，现实的具体的艺术家在接应和应合这伟大的生命意志的过程中，可以更加体现自身的价值。尼采的"乐感美学"，之所以是超越乐观主义和悲观主义的，正可以从这个角度来理解，因为他讲的根本不是个人主观的快乐，而是一种生命意志本体的快乐，是一种形而上的至乐，有类于中国老庄讲的体道"至乐"，佛教讲的成佛的"极乐"。

周国平先生说："日神精神的潜台词是：就算人生是个梦，我们要有滋有味地做这个梦，不要失掉了梦的情致和乐趣。酒神精神的潜台词是：就算人生是幕悲剧，我们也要有声有色地演这幕悲剧，不要失掉了悲剧的壮丽和快慰。这就是尼采

---

[1]　尼采：《悲剧的诞生》，见《悲剧的诞生：尼采美学文选》，第 97 页。

所提倡的审美人生态度的真实含义。"①这句话说得相当精到。尼采的所谓"乐感美学"仍然只是其所谓的感性论生活美学的一种体现，尼采通过回溯古希腊的日神精神和酒神精神，挖掘其中的审美愉悦内涵，仍然从属于其反对和批判悲观主义、颓废主义、虚无主义的思想指向。在尼采看来，自苏格拉底理性主义兴起以及基督教禁欲主义伦理兴起以来，西方文化就走上了一条生命力不断退化和颓废的道路，故尼采要通过强调所谓"醉"——不管是日神精神的"醉"（也是"梦"）还是酒神精神的"醉"——来抵制人的本能的衰败、抵制人的生命意志的衰败、抵制西方文化精神的衰败、抵制作为世界本体的生命意志在当代的衰败。作为日神精神、酒神精神代表之日神艺术、酒神艺术、悲剧艺术能够给人带来一种无以复加的快感，其作用就在于能够重振人的精神、重塑人的生命意志。在对自由的讴歌中，在对一种契合人的生命的新的伦理的寻求中，在对审美快感的体验中，尼采美学所要做的就是重塑人的身心，让人在一种健康的身体和心理中去追求一种更高的形而上的价值，去重获生命的整全，这些都在在昭示，尼采的美学就是一种感性论的生命美学，体现在《悲剧的诞生》中，就是在企望一种古希腊悲剧意义上的感性论生命美学精神的回归。

---

① 尼采：《悲剧的诞生：尼采美学文选》，译序，第7页。

第三章　瓦格纳与尼采悲剧观的形成①

　　众所周知,理查德·瓦格纳(Richard Wagner,1813—1883)是德国伟大的作曲家、指挥家、剧作家以及思想家,他不仅在欧洲音乐史上,而且也在整个西方文化思想史上占据着举足轻重的位置。当然,这一对瓦格纳的再寻常不过的定位仍是远远不够的,因为"瓦格纳"这个称名本身所含蕴的独异性依旧隐而不彰。

　　诚如法国当代著名的激进思想家阿兰·巴迪欧(Alain Badiou)所言:"瓦格纳一直被认为是一个'事件'。"②他指出,比之于"瓦格纳"该名字的语言能指,"瓦格纳事件"的建构产生了更为深远的影响,它最终成为了一项令人瞩目的哲学与美学事业;而"这一事业涉及到了众多欧洲思想家,从波德莱尔,途经马拉美、尼采、托马斯·曼、阿多诺和海德格尔,直到拉库-拉巴特、弗朗索瓦·雷诺、斯拉沃热·齐泽克",以及巴

---

① 本章由王莹雪执笔,肖建华校订。

② 阿兰·巴迪欧:《瓦格纳五讲》,艾士薇译,郑州:河南大学出版社,2017年版,第125页。

迪欧自己①。瓦格纳事件的建构谱系在跨越了一个半世纪之后，至今仍在朝着未来开放，这无疑是一个值得深思的文化现象。

　　于我们而言，如果要在此事件谱系上找出一个支点，抑或一个直截的切入口的话，那么，就必须是尼采，也只能是尼采。因为他既是瓦格纳的挚友与信徒，也是其敌手与"对跖人"②；他们在同时代所展开的炽热至极的对话，以及最后导致的无可挽回的判然决裂，都见证了彼此思想生涯中极富创造力的重要时刻，以及不合时宜地剖开时代至深症结的无畏勇气。尼采曾用一种唯美而哀婉的笔调，饱含深情地写道："我们是两艘船，有各自的目的地和航线。我们可能在航行中交会……两艘勇敢的船只静泊于同一个海港和同一个太阳下……然而，我们各自的使命有着强大无比的力量，它旋即驱散我们至不同的海域和航线，或许，我们再也无缘相会；或许，纵然相会也彼此不复相认……"③或许，正是由于这偶然间的际会，注定了两艘静泊的船必定会再次分头远航。这是为什么？一切还得从尼采青年时期的才华横溢之作《悲剧的诞生》谈起。

　　让我们把时间的指针回拨到 1868 年 10 月 8 日，在东方

---

①　阿兰·巴迪欧：《瓦格纳五讲》，艾士薇译，郑州：河南大学出版社，2017 年版，第 109—110 页。

②　尼采：《尼采反瓦格纳》，见《瓦格纳事件/尼采反瓦格纳》，卫茂平译，上海：华东师范大学出版社，2007 年版，第 128 页。

③　尼采：《快乐的科学》，黄明嘉译，桂林：漓江出版社，2007 年版，第 173 页。

学家海因里希·布洛克豪斯（Heinrich Brockhaus）的家里，尼采作为莱比锡大学极具天赋的古典语文学研究者，被引荐给了当时已极富盛名的瓦格纳。在那里，瓦格纳不仅用钢琴亲自演奏了《名歌手》的乐曲片段，还对尼采热情地谈论起叔本华[①]（称后者为"唯一认识音乐之本质的哲学家"[②]），并邀请尼采到他特里布申的家里做客。初次见面，尼采激动不已，并且更加坚定了对瓦格纳的追随与敬仰。其实，尼采对瓦格纳产生强烈共鸣是有原因的。早在此之前，也就是 1865 年，尼采就在他租住的房东、旧书商罗恩（Rohn）的书店里，发现了叔本华的力作《作为意志和表象的世界》，他立即被叔本华深深地吸引了，"觉得他好像就是为我写的"[③]。叔本华所言的世界那贯注着盲目冲动与生命意志的一面，以及借由艺术的纯粹观审来摆脱欲求之苦的观点，都强烈刺激着尼采；特别是悲剧展示的宇宙人生的本来性质（即意志与它自己的矛盾斗争）与音乐带来的形而上的自在之物（即美感所提供的短暂安慰），使尼采重新审思了他周遭的一切。在思想导师叔本华的引领下，尼采不仅逐渐看清了生存本身的重负，而且也激起了他敏

[①] 从 1848 年开始，由于对社会主义无政府主义与欧洲资产阶级革命的政治幻想的破灭，一时深陷颓唐之中的瓦格纳在叔本华的悲观主义中获得了一种新的滋养；在后者的启发之下，瓦格纳从早前对政治理想所寄寓的厚望中抽身，转而专注于音乐艺术本身所带来的形而上意义，并将它置于人类一切事务之上。

[②] 萨弗兰斯基：《尼采思想传记》，卫茂平译，上海：华东师范大学出版社，2007 年版，第 51 页。

[③] 施特格迈尔：《尼采引论》，田立年译，北京：华夏出版社，2016 年版，第 5 页。

感天性中早已掩埋下的对音乐艺术的向往①。1869 年,尼采在接受瑞士巴塞尔大学希腊语言与文学的教职之后,特意拜访了瓦格纳,正式开启了他们十年的友谊。对于这份萌发伊始的交情,如果说,叔本华是他们共同的引路人的话,那么,音乐则作为共同的精神信仰让他们更加紧密地联结在一起。当尼采还在古典语文学的逼仄路径上游移不定之时,正是瓦格纳及其音乐鼓励他坚定地离开了庸常的任职事务与旧书堆的编纂考据工作,使他自由地徜徉于古希腊的悲剧文化之中。1872 年,也就是在两人的情谊最为浓烈的时刻,尼采用"舞蹈的意志"出版了其著名的"悲剧之书"②——《悲剧从音乐精神中诞生》(《悲剧的诞生》的全名)。

毋庸置疑,瓦格纳对尼采悲剧观的形成起到了不可抹除的作用。正因为如此,尼采才将这本才华横溢之作热烈地题献给了瓦格纳,"奉献给走在同一条路上的我的这位先驱者"③。很显然,"同一条路"指出了这两位志同道合的同行者的共同宏愿,即复兴德意志的民族精神。我们知道,尼采从来不是一位民族沙文主义者。尽管这本书孕育于 1871 年普法战争期间,尽管尼采曾作为护理员短暂地置身战场,但他却有意与军事上的狂热涡旋保持距离,并对德国人激昂的政治狂

---

① 尼采自身具有深厚的音乐修养。少年时期,他就醉心于德国古典音乐之中,不仅如此,他还会弹钢琴和作曲;青年时期,他倾心于瓦格纳,在与瓦格纳决裂之后,他决意称颂比才。

② 萨弗兰斯基:《尼采思想传记》,卫茂平译,上海:华东师范大学出版社,2007 年版,第 53 页。

③ 尼采:《悲剧的诞生》,见《悲剧的诞生:尼采美学文选》,第 2 页。

热与无由的乐天主义表示强烈的鄙夷。他深知,德国民族精纯强健的性格已经远逝:自亚历山大时代以来,"外来入侵势力迫使德国精神长期在一种绝望的野蛮形式中生存"①,并且久经奴役与重创;而今,欢庆鼓舞的军事胜利并非意指一种意志的过剩与沸腾,相反,在其表象之下,其实是一种强力的匮乏。尼采指出,这种匮乏归根结底源自现代文化的萎靡不振,尤其是现代艺术的凋敝荒芜,而唯一的解决之道就是向古希腊人学习,向其天然的艺术创造力与生存意志学习。诚然,在德国精神朝向古希腊文化遗产的复归之路上,不乏有歌德、席勒、温克尔曼等新古典主义时代的伟大前驱者的身影,但"继启蒙运动的直接影响之后,在同一条路上向文化和希腊人进军的努力却令人不解地日渐衰微了"②。再有,对后世人而言,古希腊人往往只会沉湎于静穆纯美的梦境,并使他们的艺术世界呈现为灿烂明朗、静穆适度的外观(如建筑、雕塑和史诗)。受瓦格纳《艺术与革命》(1849 年)一文的启发③,尼采发现,在日神文化纯美的摩耶面纱之下,古希腊人实则拥有一种更为深刻的世界观。在他看来,希腊人之所以把艺术召唤进生命里,其实是为了掩盖自身多愁善感的脆弱天性与生存本

---

① 尼采:《悲剧的诞生》,见《悲剧的诞生:尼采美学文选》,第 86 页。

② 尼采:《悲剧的诞生》,见《悲剧的诞生:尼采美学文选》,第 87 页。

③ 瓦格纳在这篇文章中有提及:日神阿波罗化身为现实的、活生生的希腊艺术品,代表着古希腊人民最高的真理与美丽,而酒神狄奥尼索斯则带来了可以想象的、洋溢着生命强力的最高艺术形式;这两者在悲剧之中相互交缠。

身的痛苦深渊；就像"玫瑰花从有刺的灌木丛里生长开放一样"①，他们唯有营构奥林匹斯诸神光辉而快乐的秩序，才能诱使人继续生活下去，才能将悲叹本身化为生存的颂歌。因此，酒神冲动才是那潜蕴于美与适度之下的真正根基。不难看到，在古希腊酒神节与厄琉息斯秘仪（即古希腊农业庆节）的狂欢之声里，无尽的"泰坦"因素和"蛮夷"因素迸发出势如破竹的呼啸，在这酒神冲动对日神世界不断进行抵抗与逾越的顶点处，阿提卡悲剧与戏剧酒神颂就应运而生了，它们成为了尼采眼中破解希腊人源源不断的生命意志的密匙所在。

　　同样地，瓦格纳也在艺术尤其是歌剧上看到了革新德意志精神的可能性。作为通俗戏剧的改革者，他认为，艺术不该沦为社会庸众茶余饭后的谈资，抑或仅仅用于娱乐消遣的低廉商品，相反，艺术是民族精神的最高表达，它占据着宗教的位置，同时还担负着一种神话生产的功能。他指出，当代歌剧之所以堕落到极点，其首要缘由就在于它把音乐当作目的，而把戏剧当作手段，这使得音乐形式与戏剧内容产生了严重的脱节。"严格说来，音乐家必须关心的是，正正经经地写他的音乐，而这个内容，就事物的性质来说，不应该是别的什么，只能是戏剧本身"②；瓦格纳认为，唯有"乐剧"的创生，唯有让音乐重新灌注腾涌的意志，才能恢复歌剧的完整性，并唤起民族精神的生命力。对于瓦格纳着眼的音乐命题，尼采也作了类

---

① 尼采：《悲剧的诞生》，见《悲剧的诞生：尼采美学文选》，第11页。

② 瓦格纳：《歌剧与戏剧》，见《瓦格纳论音乐》，廖辅叔译，上海：上海音乐出版社，2002年版，第215页。

似的阐说。他认为，现代歌剧并非属于审美之域，它只是"艺术上的低能儿替自己制造的一种艺术"，其音乐（特别是抒情调和吟诵调）"极其肤浅而不知虔敬"，并且"已经背离它作为酒神式世界明镜的真正光荣，只能作为现象的奴隶，模仿现象的形式特征，靠玩弄线条和比例激起浅薄的快感"[①]。换言之，现代歌剧音乐本能的消弭根本上与酒神精神的失落有关，这就使得原本充盈的艺术世界沦为对现象的戏谑模仿，而非成为意志的化身。此外，就音乐被逐出酒神的理想故土而论，如果说瓦格纳将其中的因由追溯到雅典城邦的解体与共同体精神的分裂[②]的话，那么尼采则认为，这是苏格拉底文化的知识理性与亚历山大文化的乐天主义共同作用下的结果。鉴于此，德国精神从酒神根基的兴起就亟需一种疾风狂飙式的伟大音乐与伟大戏剧，尼采看到，他的愿想在瓦格纳的剧作上已经得到了生动地确证与实现。他说，可以想象这样一个人，他无须台词和画面的帮助，而完全像感受一曲伟大的交响乐那样感受《特里斯坦与伊索尔德》的第三幕：他"在这场合宛如把耳朵紧贴世界意志的心房，感觉到狂烈的生存欲望像轰鸣的急流或像水花飞溅的小溪由此流向世界的一切血管"[③]。在这里，瓦格纳的戏剧音乐即是意志冲动的普遍语言，它理想地展

---

① 尼采：《悲剧的诞生》，见《悲剧的诞生：尼采美学文选》，第80—85页。

② Richard Wagner, "Art and Revolution", *Richard Wagner's Prose Works* (*Vol.* 1), trans. William Ashton Ellis, London: Kegan Paul, Trench, Trubner & Co., Ltd., 1892, p35.

③ 尼采：《悲剧的诞生》，见《悲剧的诞生：尼采美学文选》，第92页。

现了尼采心目中那个激荡的、包蕴着酒神智慧的精神世界。

尼采很清楚,叔本华早就窥探过酒神的秘密,后者认为"音乐乃是全部意志的直接客体化和写照"①,也就是说,音乐不是理念以及世间任何事物的摹本,相反地,它就是意志本身。显然,"瓦格纳承认这一见解是永恒的真理"②,他使戏剧本身最终成为了以可见形式出现的、紧贴着意志心房的音乐。不仅如此,瓦格纳在具体的创作实践中,还将古希腊悲剧作为戏剧艺术最完美、最理想的典范之一,以探讨神话、歌队、英雄形象与真正的艺术表达以及德意志民族文化革新之间的关系。为此,尼采决意将瓦格纳称为"酒神颂戏剧家"③,而且从后者的音乐精神中,尼采自己感到"有了一种强烈的冲动,要进一步探索希腊悲剧的本质,从而最深刻地揭示希腊的创造精神"④。于他而言,惟有领悟了古希腊悲剧的原初问题(即日神/梦与酒神/醉的不断缠斗与共存并生),才能保证悲剧在现代的再生,整顿当代艺术的轻佻低靡,最终实现德国精神在一切民族面前昂首阔步的宏愿。

书中,尼采这样阐说自己的悲剧观:整体上,"悲剧的本质只能被解释为酒神状态的显露和形象化,为音乐的象征表现,为酒神陶醉的梦境"⑤;具言之,"悲剧吸收了音乐最高的恣肆

----

① 叔本华:《作为意志和表象的世界》,石冲白译,北京:商务印书馆,1997年版,第357页。

② 尼采:《悲剧的诞生》,见《悲剧的诞生:尼采美学文选》,第67页。

③ 尼采:《瓦格纳在拜洛伊特》,见《悲剧的诞生:尼采美学文选》,第139页。

④ 尼采:《悲剧的诞生》,见《悲剧的诞生:尼采美学文选》,第67页。

⑤ 尼采:《悲剧的诞生》,见《悲剧的诞生:尼采美学文选》,第61页。

汪洋精神,所以,在希腊人那里一如在我们这里,它直接使音乐臻于完成,但它随后又在其旁安排了悲剧神话和悲剧英雄,悲剧英雄像泰坦力士那样背负起整个酒神世界,从而卸除了我们的负担。另一方面,它又通过同一悲剧神话,借助悲剧英雄的形象,使我们从热烈的生存欲望中解脱出来,并且亲手指点,提示一种别样的存在和一种更高的快乐,战斗的英雄已经通过他的灭亡,而不是通过他的胜利,充满预感地为之作好了准备"①。从中可知,尼采的悲剧世界就筑基于酒神本能的冲动,它通过那与世界意志及其原始痛苦打成一片的音乐显现出来。但由于音乐情绪的汹涌洪流必然会超出人的脆弱躯壳的承负能力,因而,只有在日神的召梦作用下,酒神音乐本身那僭越了任何形象与概念拘束的神秘冲动才能转化为可见可感的、具有譬喻和形象的外观世界,从而使人纯粹地直观到世界意志的梦象并从中获得解脱。作为悲剧题材的悲剧神话与作为悲剧主角的悲剧英雄,这两者正是音乐的酒神智慧达致形象化的日神艺术手段,它们在悲剧世界中共同创造了让人能够继续生存下去的审美表象。另外,正如尼采所意识到的那样,悲剧毕竟有别于造型艺术与史诗,它依凭外观和幻象所呈现出的日神性质的解脱,最终指向了一种"别样的存在"与"更高的快乐"。作为酒神冲动的日神式的感性化,悲剧神话在使悲剧英雄个体的狭隘疆域消融于生命意志的至深力量的同时,也使观众领悟到艺术的形而上慰藉,它将生存的永生之苦(包括死亡)转化为强力意志的无尽流溢,从而获得一种具

① 尼采:《悲剧的诞生》,见《悲剧的诞生:尼采美学文选》,91 页。

有崇高与神圣意味的至高快乐。通过坦然直面生命意志的不断增殖与释放，尼采把叔本华趋避痛苦的悲观主义替换为别样的乐观主义，这既让他从根本上超越叔本华，与此同时，也潜孕着他后期关于权力意志的思考。

为了更好地理解尼采的悲剧观，下述以"悲剧音乐"、"悲剧神话"与"悲剧英雄"为关键词作进一步的分析。首先，音乐是厘清悲剧起源问题的第一要素，因为"希腊悲剧的发生史异常明确地告诉我们，希腊的悲剧艺术作品确实是从音乐精神中诞生出来的"①，"悲剧必定随着音乐精神的消失而灭亡，正如它只能从音乐精神中诞生一样"②。尼采强调，古代传说已经斩钉截铁地告诉我们："悲剧从悲剧歌队中产生"③。所谓悲剧歌队（也叫作萨提儿歌队或酒神颂歌队），它并非施莱格尔所认为的是剧场中的"理想观众"（这些公众混淆了艺术真实与生活真实之间的界限），缘由在于悲剧的舞台世界是以审美的方式，而不是以亲身经验的方式发生作用。相较之下，席勒提出了一种更有价值的见解，他认为，萨提儿歌队是围在悲剧四周的活围墙，它把悲剧与汹涌的现实世界完全隔绝开来，使悲剧得以保存自己理想的天地与诗意的自由。依循席勒的观点，尼采进一步指出，就像舞台世界是萨提儿歌队的幻觉那样，萨提儿歌队其实是剧场观众沉湎于酒神冲动的最初幻觉。在古希腊神话中，"萨提儿"原是具有半人半羊形态的牧神与

---

① 尼采：《悲剧的诞生》，见《悲剧的诞生：尼采美学文选》，第71页。

② 尼采：《悲剧的诞生》，见《悲剧的诞生：尼采美学文选》，第66页。

③ 尼采：《悲剧的诞生》，见《悲剧的诞生：尼采美学文选》，第25页。

山林之神，这个自然精灵既是自然界中性的万能力量的象征者，又是最贴近神灵的兴高采烈的醉心者（即酒神的尊奉者），同时更是具有酒神气质的希腊人所倾心的、洗尽了文明铅华的人的本真形象。当整个悲剧歌队由代表着萨提儿的人们组成并纵情狂欢时，剧场观众便受到这强大的酒神兴奋的传导，且不可避免地发生了"魔变"①，他们仿佛在萨提儿身上认出了自己。随着时间的推移，在依同心弧升高的阶梯状剧场中，观众与歌队间的区隔渐渐消解了，他们俨然成为了一个庄严的大歌队，并且都无法自拔地沉浸在生命崇高与愉悦的灿烂云景之中。在最古老的时期里，"悲剧本来只是'合唱'，而不是'戏剧'"②，酒神这个舞台主角也只是被想象为在场，而非真的在场，直到后来，它才以戴着面具的演员呈现于舞台之上。此时，所有成为酒神顶礼者的观众将其心目中那位神灵的魔变幻象移置到那位演员身上与舞台的可见梦境中，而酒神冲动则从音乐的怀抱之中将自身客观化为日神现象，由此赋予了其无形的舞蹈激情以明朗的外观。

其次，悲剧音乐（也就是酒神音乐）具有再生悲剧神话的能力。承上所言，尼采将古希腊悲剧理解为不断朝向日神的形象世界迸发的酒神歌队，这种构成了意志冲动的至深内核

---

① 尼采：《悲剧的诞生》，见《悲剧的诞生：尼采美学文选》，第30页。尼采认为，酒神兴奋的这种可传导性使得整个悲剧歌队与其展现的酒神形象是交融在一起的。这就有别于戏剧中那些吟诵诗人所扮演的角色：他们并不与神灵的形象相交融，而是像画家那样，用审慎的、置身事外的静观眼光看待这些形象。

② 尼采：《悲剧的诞生》，见《悲剧的诞生：尼采美学文选》，第33页。

的酒神音乐不仅是理解艺术之本质的依据，同时也是真正能推导出悲剧之悲剧性的、先于事物之普遍性的语言。随后，借由一种譬喻性直观，悲剧音乐为其固有的酒神智慧找到了象征的表现，即悲剧神话。音乐由此具有产生悲剧神话的能力[①]，也正因为这样，酒神精神才能占据整个神话领域，而神话本身才能成为酒神智慧的凤辇，并达到其最深刻的内容。值得注意的是，尼采论及的音乐与神话之间的必然关联也带有瓦格纳的印记。在瓦格纳那里，古希腊神话不单单是构成悲剧的完美题材，它还意味着希腊人力图与自然那充盈的生命力进行对话、并通过譬喻性的神性形象来认识作为整体的人的圆融状态与完满天性。因而，对瓦格纳来说，神话毋宁是一种潜能，它扮演着将社会的文化运作整合为统一体的重要角色。再加上德国早期浪漫主义的影响，瓦格纳决意把神话当作治疗危机四伏的德国社会的药方，希冀歌剧的音乐能再生出青春而健康的、抹除了民族创伤与自卑情结的文化精神。在希腊神话的引领下，瓦格纳找寻到日耳曼民族的精神之源：即北欧神话传说。从 1848 年起直至 1874 年，瓦格纳构思并创作了大型联剧《尼伯龙根的指环》，其波澜壮阔的神话远景，

---

① 尼采：《悲剧的诞生》，见《悲剧的诞生：尼采美学文选》，第 70 页。所谓"譬喻"，在尼采的视阈下，就是指一种日神的艺术能力，它能将无形的酒神精神外化为有形的，且可见可感的表征形式。另外，"譬喻"还有别于"模仿"，后者仅仅囿于现象世界，并且把它当作一个被动对象而制作摹本，而前者则是由意志世界主动地，且自然而然地唤起的形象或图解。

展演了一个关于"众神的毁灭与人类的解脱"[①]的新生故事:它以莱茵河黄金的诅咒(也就是尼伯龙根的指环)为主线,最后勾勒出旧有的权力世界的沉没而爱与美的新世界诞生的伟大历程。尼采在该剧首演之后,便不吝溢美之词地指出:瓦格纳成功地实现了一种无需遵循概念与逻辑因果关系的"神话式地思考",他"迫使语言回到一种原始状态,那时语言几乎还不是用概念来思考,那时语言本身还是诗、形象和情感"[②]。从一定意义上说,神话就是原初的诗,它关联着一种圆融的语言(即一种将诗、形象、情感乃至音乐融为一体的语言);令尼采尤为钦佩的是,瓦格纳的戏剧革新的特殊使命恰恰在于恢复了音乐创造神话的能力,这使得现代的德意志民族能够重拾神话的心境与语言,并使那种先于逻辑思维方式的普遍性真理能够以可见的形式被直观地感受到。

在《悲剧的诞生》里,尼采沿波讨源,紧紧围绕其悲剧观,探析了神话语言或神话式的思考方式趋于毁灭的原因。他指出,从最早的抒情诗[③]直到阿提卡悲剧,音乐精神所追求的神话体认才刚刚达到高潮,但随后,受到科学的乐观主义与知识的理性辩证法的强力阻碍,这种追求便戛然而止。在戏剧创作的舞台上,欧里庇得斯的登场具有决定性的意味,因为他用

---

① 瓦格纳:《瓦格纳戏剧全集》,高中甫、张黎等译,北京:中国文联出版公司,1997年版,"中文译本前言"第12页。

② 尼采:《瓦格纳在拜洛伊特》,见《悲剧的诞生:尼采美学文选》,第153—154页。

③ 尼采在《悲剧的诞生》中认为:古希腊抒情诗人与乐师是合二为一的,而且,抒情诗的最高发展形式就是悲剧和酒神颂。

伪造的冒牌音乐(即阿提卡新颂歌)与冒牌神话毫不自知地将古希腊悲剧推向死亡的渊薮。在他笔下,酒神不再成为悲剧的主角,与酒神相伴的日神也随之衰朽,悲剧终究变为彻头彻尾的"戏剧化的史诗",而"机械降神"①的原则也终究取代了悲剧艺术本身的形而上慰藉。尼采认为,渎神的欧里庇得斯归根结底也戴着面具,但借他之口说话的不是酒神与日神,而是苏格拉底:这位智者秉持"知识即美德"的最高原则,"使理性成为暴君",使道德成为疾病,其迷惑力给希腊人造成了一种"精神的畸形"②。苏格拉底发达的逻辑天性与知识图式不允许悲剧的神话语言超出逻辑因果律,也不允许它通过音乐而直观到汪洋恣肆的,且不受理性框范的生命意志,这就使欧里庇得斯必须作出决断,他必须以"清醒者"的身份谴责那些还在用音乐创造神话的"醉醺醺的"诗人③。在尼采看来,悲剧音乐及其创造的悲剧神话都是一个民族的酒神能力的展现④,一旦科学精神的乐观主义在神话领域占据了统治地位,而且,一

---

① 尼采:《悲剧的诞生》,见《悲剧的诞生:尼采美学文选》,第51—53页。在尼采看来,欧里庇得斯的悲剧(即"戏剧化史诗")一方面尽可能地摆脱了酒神因素,另一方面又无能达到史诗的日神效果。而欧里庇得斯声名狼藉的"机械降神"原则具体体现为:他把悲剧完全建立在经验世界的明确性与真实性的基础上,比如,为了让观众预先了解剧情始末,他会在悲剧中设置开场白,由一位神灵扮演者向观众担保剧中情节与神话的真实性;在戏剧收场时,他又会以同样的形式,向观众妥善交代悲剧主角的归宿。

② 尼采:《偶像的黄昏》,李超杰译,北京:商务印书馆,2013年版,第16—17页。

③ 尼采:《悲剧的诞生》,见《悲剧的诞生:尼采美学文选》,第54页。

④ 尼采:《悲剧的诞生》,见《悲剧的诞生:尼采美学文选》,第43页。

旦作为所有宗教的必要前提的神话①被纳入史实（即把神话当作历史上的真实事件）的狭窄轨道，那么，酒神精神的永恒生成与流散也就变质为一种极度贫乏与死寂的、失却了生命意志的颓废文化或理论文化。

接下来，我们还是回到希腊悲剧之起源与本质的二元性中，探讨尼采悲剧观中最后一个要素，即作为悲剧主角的悲剧英雄。尼采认为，酒神的艺术本能往往会对日神的艺术本能施加双重影响："音乐首先引起对酒神普遍性的譬喻性直观，然后又使得譬喻性形象显示出最深长的意味。"②在化身为意志冲动的悲剧音乐之下，如果说，悲剧神话是酒神的譬喻性直观的话，那么，悲剧英雄则是酒神最意味深长的譬喻性形象。因为无可争辩的是，"希腊悲剧在其最古老的形态中仅仅以酒神的受苦为题材"③。在欧里庇得斯之前，也就是在酒神精神尚未泯灭之前，希腊舞台上的悲剧英雄往往都是这位酒神的面具与化身，他们依靠日神般明朗与确定的光影，使人们一下子就瞥见了其最深层的本质（也就是神话，甚至是意志本身）。为了让读者更好地理解这一点，尼采打了个比方，他说，"如果我们强迫自己直视太阳，然后因为太刺眼而掉过脸去，就会有好像起治疗作用的暗淡色斑出现在我们眼前"，但与之相反，悲剧英雄的光影现象"却是瞥见了自然之秘奥和恐怖的必然

① 尼采：《悲剧的诞生》，见《悲剧的诞生：尼采美学文选》，第78页。

② 尼采：《悲剧的诞生》，见《悲剧的诞生：尼采美学文选》，第70页。

③ 尼采：《悲剧的诞生》，见《悲剧的诞生：尼采美学文选》，第40页。

之物，就像用来医治因恐怖黑夜而失明的眼睛的闪光斑点"①。在这里，"太阳"比拟的应该是世界至深处难以直视的意志冲动（亦即"太一"），它的过于"刺眼"隐喻的是那无法承受的生存之苦，但透过悲剧英雄的形象，刺眼的太阳就被柔化为可视的光影。然而，这种具有疗愈作用的光影并非只是遮掩着可怖人生的消沉暗斑，而是人在坦然直视了刺眼光芒，并遭致失明之后，从黑暗中迸发出的代表着人间至乐的"闪光斑点"。

尼采以索福克勒斯笔下的俄狄浦斯与埃斯库罗斯笔下的普罗米修斯为例，阐析了命运多舛的悲剧英雄与他们在极度困顿中焕现出的荣光之间的必然关联。他认为，作为希腊舞台上最悲惨的人物，俄狄浦斯尽管生性聪慧，但他注定会僭越一切法律、道德以及自然秩序而遭受三重厄运（即成为司芬克斯之谜的破解者、弑父的凶手和娶母的奸夫）。通过由果溯因、层层解开错综复杂的谜团，索福克勒斯想要告诉观众的是：这个忍辱负重并终至毁灭的悲剧英雄并没有罪，他在纯粹消极的态度中反而达到了一种超越自身生命的最高积极性，从而让希腊式的乐天氛围突然降临全剧。尼采指出，俄狄浦斯无疑拥有一种酒神智慧，这使他不由得突破了个人的疆界，并在无意间解开了象征着神圣自然秩序的司芬克斯之谜；可是，一旦迫使自然暴露其秘密，智慧的锋芒反过来就会刺伤其拥有者，自然的至暗强力反过来就会湮没其窥探者。酒神智慧本身变而为俄狄浦斯罪行，所以，他必然会无知无觉地导向

① 尼采：《悲剧的诞生》，见《悲剧的诞生：尼采美学文选》，第35页。在这段话中，尽管尼采特指的是索福克勒斯笔下的悲剧英雄，但这同样适用于作为悲剧要素的悲剧英雄整体。

弑父娶母，同时，他也必然会在纯粹被肢解的过程中确证其毁灭的意义。就这样，索福克勒斯最终在俄狄浦斯身上"奏起了圣徒凯旋的序曲"①。再有，与俄狄浦斯"消极性的光荣"相比，酒神面具之下的普罗米修斯展现的则是一种"积极性的光荣"②。一方面，普罗米修斯具有深厚的正义感：他既按照自己的个体形象去形塑人类，也为人类的灾祸罪过辩护，从而将奥林匹斯神界与人类置于同样的命数之中。另一方面，普罗米修斯泰坦式的冲动更是显示着亵渎之必要与尊严：他不惜蒙骗上天的神祇，为人类劫取火种，并以阿特拉斯（即肩扛天宇的泰坦神）般的强力背负起一切受苦的个体。在尼采看来，普罗米修斯的正义感其实源自一种日神式的安抚，它使黑暗的苦海掩映着灿烂的云景，而其亵渎行径则是一种汹涌的酒神激情，它使强力意志肆意漫溢而消解了一切不堪重负的个体化状态。最终，这位兼具了日神本性与酒神本性的悲剧英雄依凭着一以贯之的积极性而蒙受了荣光。

正如狄奥尼索斯被诸神肢解后，仍会从大地上重生那样，无论悲剧主角历经的是消极的毁灭，还是积极的担负苦痛，其悲剧性都无损于永恒的生命意志。有鉴于此，既然所有取材于神话传说的、戴着酒神面具的悲剧英雄都展现出生存的永恒荣光，那么，我们又该如何进一步理解这种特别的悲剧性对悲剧诗人与观众所产生的（审美）快感，亦或希腊人乐天天性背后那最深长的意味？尼采认为，"只有从音乐精神出发，我

① 尼采：《悲剧的诞生》，见《悲剧的诞生：尼采美学文选》，第38页。
② 尼采：《悲剧的诞生》，见《悲剧的诞生：尼采美学文选》，第37页。

们才能理解对于个体毁灭所生的快感。因为通过个体毁灭的单个事例，我们只是领悟了酒神艺术的永恒现象，这种艺术表现了那似乎隐藏在个体化原理背后的全能的意志，那在一切现象之彼岸的历万劫而长存的永恒生命。对于悲剧性所生的形而上快感，乃是本能的无意识的酒神智慧向形象世界的一种移置"；在这一层面上，"悲剧主角，这意志的最高现象，为了我们的快感而遭否定，因为他毕竟只是现象，他的毁灭丝毫无损于意志的永恒生命"①。换言之，悲剧音乐、悲剧神话与悲剧英雄共同构成了悲剧的圆融整体；只有回到音乐精神，我们才能找寻到悲剧对观众询唤的形而上快感或形而上慰藉。我们知道，悲剧音乐是永恒的生命意志的化身，它借助于日神艺术的譬喻性手段，将自身的酒神冲动直观化为悲剧神话，然后从神话题材的可见领域中再形象化、具体化为个体的悲剧英雄。所以，从悲剧音乐到悲剧神话，再到悲剧英雄，其实就是酒神精神的逐渐外化，即一种由无形到有形、由不可见到可见、由意志到现象的过程。作为个体的悲剧英雄的损毁只会发生于现象世界（即意志世界的最外层），它丝毫不会妨害彼岸世界中的永恒生命与全能意志。因而，"悲剧人物之死不过像一滴水重归大海，或者说是个性重新融入原始的统一性"，通过象征着痛苦之源的"个性化原则"的破灭，观众在悲剧中体验到"一种得到超脱和自由的快感"②。悲剧舞台上展演的个体的

① 尼采：《悲剧的诞生》，见《悲剧的诞生：尼采美学文选》，第70—71页。

② 朱光潜：《悲剧心理学》，张隆溪译，北京：人民文学出版社，1983年版，第149页。

毁灭仅仅是一种审美游戏,它喻示了酒神汹涌的洪流对日神静观的堤坝的漫溢。可以想象,贯穿悲剧艺术始终的,就是酒神本能与日神本能间无休止的缠斗;在其中,洪流时时冲毁堤坝,而堤坝却时时重建,如此反复,便产生了悲剧特有的效果,即观众(当然包括悲剧诗人本人)从酒神的譬喻性形象遭致不断否定,却又无损于生命意志中所感受到的形而上快慰。用尼采的话说,这种酒神现象(或狄奥尼索斯现象)"不断向我们显示个体世界建成又毁掉的万古常新的游戏,如同一种原始的快乐在横流直泻。在一种相似的方式中,这就像是晦涩哲人赫拉克利特把创造世界的力量譬作一个儿童,他嬉戏着叠起又卸下石块,筑成又推翻沙堆。"[1]生命意志之流奔涌不息,它在力的永恒生成中,孩子气地构建起一种兼有创造与毁灭双重意味的至高快乐。透过赫拉克利特意味深长的譬喻,尼采看到了一种对消逝和毁灭的肯定,这既是他的狄奥尼索斯哲学中决定性的东西,也是晓谕着他未来的"永恒轮回"学说(亦即关于万物无条件的无限重演的循环的学说)的亲缘性的东西[2]。

概言之,作为哲学家的尼采,在古希腊悲剧观的烛照下,坚定地沿着"艺术家的形而上学"[3]路径跨步前行。他发现,悲剧艺术并非一片在天边袅娜的、非现实的灿烂云景或海市蜃

---

① 尼采:《悲剧的诞生》,见《悲剧的诞生:尼采美学文选》,第 106 页。

② 尼采:《瞧,这个人》,孙周兴译,北京:商务印书馆,2016 年版,第 79 页。

③ 尼采:《权力意志》(上卷),孙周兴译,北京:商务印书馆,2007 年版,第 136—137 页。

楼,反而是紧贴着生命意志之流的、坚实却又脆弱的慰藉。为此,他逐渐偏离了叔本华的路标,好奇地追逐着那种时时创造而又时时毁灭的快乐。这一路,瓦格纳始终与尼采同行,他用他的音乐激励并陪伴着尼采,期盼着悲剧精神在现代的重生。我们看到,《悲剧的诞生》就是这样一部从"瓦格纳—牧歌出发而上升到心醉神迷高度的专著"①,它寄寓着尼采青年时期宏大而深沉的文化政治理想。然而,尼采始终是孤独的,十四年之后(也就是1886年),他以一个自我批判的宣言,彻底地告别了瓦格纳,然后又只身独行,迈向了更为成熟的远方。在这篇《自我批判的尝试》②中,尼采对《悲剧的诞生》进行了重估。他自省道:这部出自早期极不成熟的个人体验的书虽"毫不盲从、傲然独立",但"写得很糟,笨拙,艰苦,耽于想象,印象纷乱,好动感情……"③;尽管该书已开始着手一项大胆的任务(即用一种纯粹审美的态度对希腊的酒神精神进行追问),但当时的他却"藏身在学者帽之下,在德国人的笨重和辩证的乏味之下,甚至在瓦格纳之徒的恶劣举止之下"④,犯下了一个现在仍感到遗憾不已的错误,即:"以混入当代事物而根本损害了我所面临的伟大的希腊问题!在毫无希望之处,在败象昭然若揭之处,我仍然寄予希望!"对于"德国近期音乐便开口奢

①　施特格迈尔:《尼采引论》,田立年译,北京:华夏出版社,2016年版,第84页。
②　即尼采在1886年在《悲剧的诞生》再版时所作的序言。
③　尼采:《自我批判的尝试》,见《悲剧的诞生:尼采美学文选》,第272页。
④　尼采:《自我批判的尝试》,见《悲剧的诞生:尼采美学文选》,第273页。

谈'德国精神'……"①,尼采认为,他自己已懂得完全不抱希望地看待德国精神与德国音乐,因为后者除了可以被视为"彻头彻尾的浪漫主义,一切可能的艺术形式中最非希腊的形式"之外,它还是"头等的神经摧残剂"②。不难理解,尼采控诉的"德国音乐"指的就是瓦格纳的音乐,在他眼中,这种音乐已不再成为永恒的生命意志的化身,而且彻底失却了与希腊酒神智慧的关联,更遑论用它寄希望于悲剧时代的到来以重振"德国精神"。在早前悲剧观中,尼采曾将瓦格纳乐剧的浪漫主义倾向视为悲剧神话与悲剧音乐的精神之源,而这恰恰成为了尼采后期强烈批驳瓦格纳的地方。他指出,瓦格纳如此彻底的,且只会哗众取宠的浪漫主义之所以意谓的是一种神经摧残剂,缘由正在于它有悖于生命意志充盈的流溢,而最终变为酒神精神的极度匮乏。这就是他与瓦格纳诀别的基始点。

实际上,尼采与他曾经的偶像瓦格纳的决裂并非一蹴而就。1876 年 8 月,《尼伯龙根的指环》全剧在拜洛伊特首演,此时尼采决定开始疏远瓦格纳。随着《人性的,太人性的》的出版,尼采才正式宣告与瓦格纳分道扬镳,他企图摆脱后者"无可救药的浪漫主义"的束缚,以求从病态的孤独中成长为一个"自由人"③。之后在《查拉图斯特拉如是说》一书中,尼采将瓦

① 尼采:《自我批判的尝试》,见《悲剧的诞生:尼采美学文选》,第 277 页。

② 尼采:《自我批判的尝试》,见《悲剧的诞生:尼采美学文选》,第 278 页。

③ 尼采:《人性的,太人性的》(上卷),魏育青译,上海:华东师范大学出版社,2008 年版,第 4—6 页。1878 年,尼采将这本刚出版的书寄给了瓦格纳,公开宣布与对方决裂。

格纳化身为被查拉图斯特拉用手杖训斥的、只会表演哀叹的"老魔术师"①。到了《自我批判的尝试》这里，尼采的言辞愈来愈严厉，他不仅一如既往地称瓦格纳为施展欺骗伎俩的浪漫主义者，而且还指责他以基督教的赎救方式敌视生命本能与非道德之物。在瓦格纳去世之后，尼采仍不罢休，他率先将瓦格纳冠以"事件"之名，并将其上升为一个关乎现代性的"颓废问题"②：瓦格纳的艺术正是现代本能衰弱的征象，它以魅惑庸众的方式展现了当今世界精疲力尽者所需的三样主要刺激剂，即"残忍、做作和清白无辜（白痴）"③。尼采指出，作为涂脂抹粉的戏子，瓦格纳用其无休止的歌剧旋律与眼花缭乱的舞台效果，最终造就了一种生理上的重负与痼疾，它让人"无法轻松地呼吸"④、内脏愁肠百结、嗓子变得嘶哑、血液难以循环；从《帕西法尔》传达出的病态的基督教信仰开始，作为悲剧作家瓦格纳就已经"以一种超常的、对悲剧性自身最极端和最戏弄人的讽刺性模仿，同我们，也同他自己，而首先同悲剧告别"⑤。

---

① 尼采：《查拉图斯特拉如是说》，钱春绮译，北京：三联书店，2014年版，第299—305页。"魔术师"一节出现在该书的第四部，它由尼采在1884年至1885年间断断续续地完成，可参见该书的"译者前言"。

② 尼采：《瓦格纳事件》，见《悲剧的诞生：尼采美学文选》，第281。

③ 尼采：《瓦格纳事件》，见《悲剧的诞生：尼采美学文选》，第293页。

④ 尼采：《尼采反瓦格纳》，见《瓦格纳事件/尼采反瓦格纳》，卫茂平译，上海：华东师范大学出版社，2007年版，第109页。

⑤ 尼采：《尼采反瓦格纳》，见《瓦格纳事件/尼采反瓦格纳》，卫茂平译，上海：华东师范大学出版社，2007年版，第142页。

综上所言，尼采与瓦格纳可谓结缘于悲剧观，同时也决裂于悲剧观；这两个独树一帜的思想巨擘正因为肩负着属于他们自己的"同等程度"的使命与强力，所以他们必然成为彼此的对跖人[①]。但尼采说道："人生苦短，我们的视力无奈过于微弱，以至于不可能超越崇高的朋友关系。如此，让我们还是信奉似天上星儿一般的友谊吧，即使我们彼此不得不成为地球上的敌人。"[②]友朋星散了，石渤海枯了，可浩渺无垠的苍穹之上，依旧铭刻着他们热烈图绘过的璀璨踪迹。

---

① "对跖人"原指位于地球直径两端的、脚心对脚心的人，现指互为敌手、敌对者。从原义来看，"对跖人"其实隐含着力量对等的前提，只有这样，双方才能形成一种对称关系。

② 尼采：《快乐的科学》，黄明嘉译，桂林：漓江出版社，2007年版，第173页。

第四章　日神精神[①]

日神精神是尼采在其著作《悲剧的诞生》中重点论述的一个概念。在古希腊神话中,日神阿波罗作为奥林匹斯众神之一,是众神之王宙斯和暗夜女神勒托所生之子。传说宙斯的妻子赫拉因为嫉妒勒托为宙斯生子,所以下令禁止大地为勒托提供分娩的场所。无奈之下,万分痛苦的勒托最终得到了阿斯忒里亚和波塞冬的帮助。阿斯忒里亚化身为一座无名岛,而波塞冬从海底升起四根巨柱,使无名岛固定下来,由此勒托才有了分娩之地。勒托首先生下了阿尔特弥斯,阿尔特弥斯后来又帮母亲接生弟弟阿波罗。历史上的阿波罗由于掌管的范围比较广,涉及光明、音乐、畜牧、医药、弓箭和预言等,所以拥有许多名号,被称为光明之神、预言之神、音乐之神、畜牧之神和医药之神等。

在传统日神形象的基础上,尼采不仅将日神视为造型之神和预言之神,而且视其为支配着内心幻想世界的美丽外观的光明之神[②]。作为造型之神,阿波罗有着典雅和英俊的相貌以及聪颖的智慧,曾被誉为男性美的象征。作为预言之神,阿

---

①　本章由许家媛执笔,肖建华校订。

②　尼采:《悲剧的诞生》,见《悲剧的诞生:尼采美学文选》,第4页。

波罗有着向人预示神的意志的能力,因此后来德尔斐神庙被视为晓示神谕的地方。当然,尼采更关注日神作为光明之神的内涵。在尼采看来,"我们用日神的名字统称美的外观的无数幻觉,它们在每一瞬间使人生一般来说值得一过,推动人生去经历这每一瞬间。"①而美的外观的无数幻觉又与梦境有关。与酒神的非造型的音乐艺术对应于醉的艺术世界不同,日神的造型世界对应的是梦这一艺术世界。尼采认为,"每个人在创造梦境方面都是完全的艺术家,而梦境的美丽外观是一切造型艺术的前提"②。也就是说,日神在梦中向人们的心灵显现,在这一点上,艺术家和普通人有着类似的经历。造型艺术家通过一定的艺术形式比如雕塑来表现梦中日神向他们呈现的美丽外观。在这里,尼采向我们描述了现实生活中做梦的经验,当人们在梦中遇到危险和惊吓时,会不断地告诉自己:"这是一个梦!我要把它梦下去!"甚至有些人曾经一连三四夜做同一个连贯的梦③。为什么人们会有梦下去的渴望?因为梦的静观有一种深沉内在的快乐④。在梦的静观过程中,人能够全身心地专注于那美丽的外观,从而忘却平日现实里的各种痛苦,也忘记了日常现实行为中的种种私欲与偏见,此时日神适度的克制、免受强烈的刺激以及大智大慧的静穆⑤使梦

---

① 尼采:《悲剧的诞生》,见《悲剧的诞生:尼采美学文选》,第108页。

② 尼采:《悲剧的诞生》,见《悲剧的诞生:尼采美学文选》,第3页。

③ 尼采:《悲剧的诞生》,见《悲剧的诞生:尼采美学文选》,第4页。

④ 尼采:《悲剧的诞生》,见《悲剧的诞生:尼采美学文选》,第13页。

⑤ 尼采:《悲剧的诞生》,见《悲剧的诞生:尼采美学文选》,第4页。

象向我们呈现出柔和的轮廓。这个过程也许有点类似注意力的转移。不过值得注意的是，尼采所谓梦境的美丽外观，不是我们通俗意义上理解的人们只做好梦不做噩梦，因为在梦的静观中一切好的事物和坏的事物都被盖上了一层日神面纱。这层面纱使人们避免直接触到具体现实的危险或痛苦，可静观领悟日神坚定而平静的目光以及它庄严、美丽而光辉的形象。

而这层面纱的力量又与日神的发光有关，对此叔本华早已有相关的论述。叔本华曾说过："光明是事物中最可爱的东西：光明已成为一切美好事物和多福的象征了。在一切宗教中它都是标志着永恒的福善，而黑暗则标志着沉沦。"[1]叔本华认为"光是完美的直观认识方式的对应物和条件"，"也是唯一绝不直接激动意志的认识方式"。"光既是最纯粹、最完美的直观认识方式之客观的可能性，因此对于光的喜悦，在事实上就只是对于这种客观的可能性的喜悦；并且作为这样的喜悦就可以从纯粹的，由一切欲求解放出来的，摆脱了欲求的认识是最可喜的（这事实）引申而得，而作为这样的东西就已经在审美快感中占很大的地位了。"[2]实际上，人们对光明的偏爱不无道理，几乎一切活在地球上的生命体都离不开阳光，光在某种意义上成了生命之源。再者，光似乎自带一种滤镜式的美

[1] 叔本华：《作为意志和表象的世界》，石冲白译，北京：商务印书馆，1997年版，第278页。

[2] 叔本华：《作为意志和表象的世界》，石冲白译，北京：商务印书馆，1997年版，第279页。

化作用。比如在当今商品消费盛行的年代,一些商家会处心积虑地摆弄灯光的布置,因为在有光和无光情况下展示的商品在视觉上对消费者来说还是有不同的刺激效果的。甚至有些人会关注家具灯光的布置。当然,叔本华在这里是站在哲学的高度来阐释光的,他所说的光是最纯粹、最完美的直观认识方式之客观的可能性,对光的喜悦就是对这种客观的可能性的喜悦,而这样的喜悦是摆脱了欲求的认识,这其实是在区分作为认识的个体和作为认识的纯粹主体之间的关系。当我们作为认识的个体时,由于每个人的个性等方面千差万别,我们在考察事物的时候往往会带上自我的主观欲求,这样一来对事物的认识就不纯粹了,换句话说,事物对于我们来说处于遮蔽(无光)的状态,从而我们就无法认清事物的本质,仍然困于作为表象的世界的迷宫之中;当我们由作为认识的个体升为认识的纯粹主体时,我们全副身心沉浸于对作为客体的事物的直观当中,摒弃了个体的任何欲求,事物对于我们来说便处于敞开(有光)的状态。同时他强调后者在审美快感中已经占有很大的地位,说明他对艺术持有较高的肯定态度。回到尼采对日神精神和梦的分析,我们会发现尼采在这一点上对叔本华的美学思想有所继承和发展。虽然尼采在《悲剧的诞生》中没有像叔本华那样提出作为认识的个体和作为认识的纯粹主体这样的概念,但是他在写作时其实已经渗透了叔本华的观点。比如尼采认为人在梦的静观之中之所以会有一种深沉内在的快乐,是因为人暂时忘却了日常现实的各种苦难,忘却了关乎个体利益的欲求,而全神贯注在梦的美丽外观上,沉浸于日神那凸显个体化原理的壮丽的神圣形象,并感受日神那目光向我们传达的外观的全部喜悦、智慧和美丽。而梦的美丽外观正是日神精神的光芒所在。

另外，作为读者，如果我们按照通俗的理解，把梦等同于人生当中不值一提的一小部分，那就很有可能忽略了尼采的良苦用心。尼采在《悲剧的诞生》中大费周折地分析日神精神与梦的关系，进而阐释日神作为光明之神具有支配内心幻想世界的美丽外观的支配作用，根本目的是利用日神精神去尝试回答"艺术如何拯救人生"的问题。人生与梦的关系究竟如何？叔本华对此有一个比较贴切的说法："人生和梦都是同一本书的页子，依次联贯阅读就叫做现实生活。"①在叔本华看来，人生与梦之关系绝不是梦隶属于人生的关系，也不是梦与人生截然对立的关系，而是"人生是一大梦"②。"在梦和真实之间，在幻象和实在客体之间"实际上没有一个可靠的区分标准。他提到康德用"表象相互之间按因果律而有的关系"将人生和梦区分开来，但是他认为这并不能从根本上解决问题，"因为我们不可能在每一经历的事件和当前这一瞬之间，逐节来追求其因果联系，但我们并又不因此就宣称这些事情是梦见的"③。因此，人们关于梦与现实的区分只能是凭借醒时纯经验的标准，而既然是纯经验的区分，那么这种观点往往是站

① 叔本华：《作为意志和表象的世界》，石冲白译，北京：商务印书馆，1997年版，第45页。

② 叔本华：《作为意志和表象的世界》，石冲白译，北京：商务印书馆，1997年版，第46页。

③ 叔本华：《作为意志和表象的世界》，石冲白译，北京：商务印书馆，1997年版，第43—44页。

不住脚的。尼采继承了叔本华关于人生是一大梦的看法，不仅梦是一个美丽的外观，而且现实也是一个外观。既然人生是梦，而梦的静观带有一种深沉内在的快乐，那么是否意味着人生这一外观也可能带来一种深沉内在的快乐？也就是说，在日神这一艺术冲动之下，人们的意识几乎全部被幻觉与外观所占据，并着眼于外观的喜悦、智慧和美丽，这时痛苦将不再是痛苦，人生由此值得一过。

尼采认为，在作为梦的艺术家方面，荷马是诉诸日神艺术表达的典型代表。他将荷马和希腊人作了一个有趣的比较，因为希腊人的梦有一种线条、轮廓、颜色、布局的逻辑因果关系，一种与他们最优秀的浮雕相似的舞台效果，所以它们的完美性有理由使我们把做梦的希腊人看作许多荷马，又把荷马看作一个做梦的希腊人[①]。在这段话里，尼采透露出了梦的日神艺术的一些特点：有一种线条、轮廓、颜色、布局的逻辑因果关系。这其实呼应了前文所提到的梦境中日神展现出的适度的克制、免受强烈的刺激和大智大慧的静穆。换句话说，日神艺术遵循的是适度原则，力求不逾矩。日神作为个体化的神化，它要求个人通过遵守自己的界限来实现适度原则。日神身上的这种特殊性使它在一定时期内成为希腊人生存的保护神。面对原始的泰坦诸神的恐怖秩序，敏感的希腊人意识到人类生命是如此渺小和不堪一击，但是在感到极度绝望和痛苦之时，他们又借助日神的美的冲动，为自己安排了奥林匹斯众神的光辉梦境之诞生，使恐怖秩序过渡到奥林匹斯诸神的

---

① 　尼采：《悲剧的诞生》，见《悲剧的诞生：尼采美学文选》，第 7 页。

快乐秩序。问题在于,这种日神的美的冲动,也就是奥林匹斯的光辉梦境之诞生是如何显现出来的呢?尼采认为通过艺术可以达到目的。像荷马这类梦的艺术家便完美地显现了日神的美的冲动,他在史诗中塑造了各式各样的神和英雄人物形象,比如由神与凡人共生的英雄,他们跟人类一样面临着大自然带来的各种危险和现实的纠纷,但是为了生存,他们敢于与之对抗,表现出非凡的毅力和强大的智慧。人以神和英雄反观自身,便不再像以前那样感到生存的可怕,而是在奥林匹斯众神诞生的光辉普照之下感到生存是值得努力追求的。这样一来,我们就能够理解为什么尼采说荷马式人物的真正悲痛在于与生存分离,尤其是过早分离,比如阿喀琉斯①。因为在日神的感召下,人意识到生存的可贵,自然而然希望生命能够延长一些,荷马式人物也一样,他们热切地渴求生存,结果却与生存过早分离,所以这不得不说是一件悲痛的事。

后来尼采对荷马作出了比较高的评价,并称荷马为素朴艺术家。素朴这个词原是出自席勒,席勒用素朴来形容较晚的人类殷切盼望的人与自然和谐统一的状态②。尼采把这个词引进艺术领域,暗指日神艺术同样呈现出人与自然和谐统一的状态。正如他所说的:"只要我们在艺术中遇到'素朴',我们就应该知道这是日神文化的最高效果,这种文化必定首先推翻一个泰坦王国,杀死巨怪,然后凭借有力的幻觉和快乐

---

① 尼采:《悲剧的诞生》,见《悲剧的诞生:尼采美学文选》,第12页。
② 尼采:《悲剧的诞生》,见《悲剧的诞生:尼采美学文选》,第12页。

的幻想战胜世界静观的可怕深渊和多愁善感的脆弱天性。"①
而凭借有力的幻觉和快乐的幻想战胜世界静观的可怕深渊和
多愁善感的脆弱天性,沉浸于外观美的素朴境界,正是人不断
追求人与自然和谐统一的典型体现。总体而言,日神精神的
作用实际上可以分为两方面:一方面,在面对原始诸神的恐怖
秩序和酒神的过度与放纵时,日神的确发挥了它的重要力量,
它奋力反抗"泰坦"和"蛮夷"因素,以适度的原则安排了奥林
匹斯众神的光辉之诞生,使我们沉浸于它那美丽的外观,从而
暂时解脱现实的苦恼,在静观中领悟生存的重要意义,重获生
存的信心。另一方面,正如尼采所言,荷马的"素朴"只能理解
为日神幻想的完全胜利,它是大自然为了达到自己的目的而
经常使用的一种幻想。真实的目的被幻象遮蔽了,我们伸手
去抓后者,而大自然却靠我们的受骗实现了前者②。也就是
说,日神幻想虽然取得胜利,但是它却为此付出了一定的代
价,即这幻象把真实的目的遮蔽了。希腊人的意志借日神的
美的映照来对抗痛苦,实为治标不治本的缓兵之计,因为痛苦
本身是人生的真实的目的。

因此,凭借日神冲动形成的多立克艺术在尼采看来绝不
可能成为艺术冲动的顶点和目标,接下来以阿尔基洛科斯为
代表的抒情诗人便登场了。在传统的见解当中,人们常把荷
马艺术和阿尔基洛科斯艺术的区别界定为客观艺术和主观艺
术的区别,但是尼采认为这是一种误解,因为艺术创作不可能

---

① 尼采:《悲剧的诞生》,见《悲剧的诞生:尼采美学文选》,第12—13页。
② 尼采:《悲剧的诞生》,见《悲剧的诞生:尼采美学文选》,第12—13页。

达到纯粹的主观,它需要有客观性即纯粹超然的静观①参与其中,否则难以称其为艺术创作。实际上两者的区别在于它们与形象的关系。以荷马为代表的史诗诗人以及雕塑家沉浸在对形象的纯粹静观之中,他们愉快地生活在形象之中,并且只生活在形象之中,对形象最细微的特征爱不释手。发怒的阿喀琉斯的形象只是一个形象,他们怀着对外观的梦的喜悦享受其发怒的表情。他们靠那面外观的镜子防止了与他们所塑造的形象融为一体②。相反,抒情诗人的形象只是抒情诗人自己,他们似乎是他本人的形形色色的客观化,所以他是那个"自我"世界的移动着的中心点。不过,这自我不是清醒的、经验现实的人的自我,而是根本上唯一真正存在的、永恒的、立足于万物之基础的自我,抒情诗天才通过这样的自我的摹本洞察万物的基础③。也就是说,史诗诗人尽管沉浸于对梦的外观的静观与喜悦之中,但是他始终与他塑造的形象是有距离的,因为他与形象之间隔着外观这面镜子。这面镜子的积极意义在于它通过这美丽的外观使人暂时忘掉人生的痛苦而进入喜悦之中,但它同时遮蔽了世界最内在的本质、万事万物存在的原始根基"太一",忽略了原始痛苦的回响。因此,以荷马为代表的日神文化和素朴艺术家未能真正抓住世界的"心脏"或内核,在某些方面相比抒情诗人稍显逊色。而以阿尔基洛科斯为代表的抒情诗人并非那些通过倾诉个人的愿望与情绪

① 尼采:《悲剧的诞生》,见《悲剧的诞生:尼采美学文选》,第 17 页。
② 尼采:《悲剧的诞生》,见《悲剧的诞生:尼采美学文选》,第 18—19 页。
③ 尼采:《悲剧的诞生》,见《悲剧的诞生:尼采美学文选》,第 19 页。

来获取快感的主观诗人,正如尼采所言,诗人阿尔基洛科斯绝不可能是那位主观着、渴求着的人阿尔基洛科斯[①]。事实是,世界创造力才是真正的艺术创作主体,才是那个"自我",它通过在抒情诗人身上显灵而迫使诗人说出它的原始痛苦。从这个意义上看,诗人的作品还不直接等同于原始痛苦本身,它只是洞察万物基础的一个摹本。那么这个过程是怎样发生的呢?尼采补充解释,如果我们把音乐当作制作原始痛苦及太一的摹本的话,那么这时原始痛苦在音乐中是无形象无概念的再现。但是在日神的召梦作用下,音乐在譬喻性的梦象中,可以使抒情诗人感知到原始冲突、原始痛苦和外观的原始快乐。这时抒情诗人把原始痛苦等表达出来后便完成他的作品。由于抒情诗是对原始痛苦及其太一的表达,所以它的最高发展形式被称为悲剧和戏剧酒神颂。抒情诗人也是实至名归的酒神艺术家。

到这里,我们就会自然地引出对日神精神在希腊悲剧中扮演着什么角色这一问题的讨论。不过需要说明的是,尼采对音乐有一个不同于传统看法的界定。众所周知,日神阿波罗也掌管音乐,他是一位擅长演奏竖琴的音乐天才,所以人们常常以为音乐就是日神艺术。但是尼采认为这类音乐不过是节奏的律动,它凭借造型的节奏力量来描绘日神状态,是音调的多立克式建筑术,只是呈现某些特定的音调,比如竖琴的音调[②]。真正的音乐应该是酒神音乐,它是对原始痛苦及太一的

---

① 尼采:《悲剧的诞生》,见《悲剧的诞生:尼采美学文选》,第 19 页。

② 尼采:《悲剧的诞生》,见《悲剧的诞生:尼采美学文选》,第 9 页。

再现，反映世界的原始根基，日神因素倒是退而求其次的。因此，在希腊悲剧中，与音乐密切相关的歌队被称为酒神歌队。尼采把希腊悲剧理解为不断重新向一个日神的形象世界迸发的酒神歌队[1]，可见酒神歌队在悲剧中占据着何其关键的位置。酒神借歌队唱出自己的原始痛苦，这在悲剧中表现为合唱抒情。接着在酒神音乐的作用下，歌队演员开始产生日神的梦境，只不过这梦境不是在外观中的日神性质的解脱，而是个人的解体及其同太初存在的合为一体[2]，于是在这时他们仿佛觉得自己就是酒神，并开始不由自主地手舞足蹈和说着酒神的语言。不可否认，希腊悲剧中的梦境和前面纯粹由日神精神作用下的梦境大不相同，前者既有日神因素又有酒神因素参与，并且酒神因素在其中发挥着决定性的作用，而后者使人单纯地沉浸于日神带来的梦的美丽外观，日神因素占据主要地位。这也正是戏剧和史诗之间的区别，戏剧是酒神认识和酒神作用的日神式的感性化，它毕竟与史诗之间隔着一条鸿沟[3]。当然，日神和酒神作为两种原来截然相反的因素，这意味它们在悲剧中的融合必然是一个极其激烈的碰撞与斗争的过程。日神遵循适度原则，排斥强烈的刺激，享受作为造型之神的大智大慧的静穆，时刻叮嘱着人要"认识你自己"和固守好自己的界限，因为苦难在很大程度是由于万事万物没有处于一个合理的尺度范围而酿成的。因此在日神美的冲动

---

① 尼采：《悲剧的诞生》，见《悲剧的诞生：尼采美学文选》，第 32 页。

② 尼采：《悲剧的诞生》，见《悲剧的诞生：尼采美学文选》，第 33 页。

③ 尼采：《悲剧的诞生》，见《悲剧的诞生：尼采美学文选》，第 33 页。

下，梦象向人们显现的是一个柔和、适度和美丽的外观，人沉浸于梦境的外观而得以解脱。但是酒神不一样，它追求的是过度原则，比如在酒神颂歌里，人的身心受到激烈的鼓舞，可以最大程度地调动自己的象征能力，此时族类创造力和大自然创造力合为一体并急于表达自我。于是它们从人身上找到突破口，即借人来表达它们的原始痛苦，这时人的整个躯体就像神灵附体一样获得了象征意义，人达到了自弃境界，人与世界的本质融为一体。在酒神那里，日神的清规戒律开始失效，人不再是固执地坚守自己与世界的界限，而是要努力冲破和超越界限，直面和拥抱世界的原始痛苦，自失于醉的酒神世界之中。用尼采的话来总结便是："个人带着他的全部界限和适度，进入酒神的陶然忘我之境，忘掉了日神的清规戒律。过度显现为真理，矛盾、生于痛苦的欢乐从大自然的心灵中现身说法。无论何处，只要酒神得以通行，日神就遭到扬弃和毁灭。但是，同样确凿的是，在初次进攻被顶住的地方，德尔斐神的模样和威严就愈发显得盛气凌人。"[1]

早在《悲剧的诞生》前半部分，尼采巧妙地借用了叔本华对一位孤独舟子的描写来描绘日神精神的力量："喧腾的大海横无际涯，翻卷着咆哮的巨浪，舟子坐在船上，托身于一叶扁舟；同样地，孤独的人平静地置身于苦难世界之中，信赖个体化原理（principium individuationis）。"[2]在叔本华看来，舟子面对喧腾大海和咆哮的波浪却能安坐在船上、托身于一叶扁

① 尼采：《悲剧的诞生》，见《悲剧的诞生：尼采美学文选》，第15—16页。
② 尼采：《悲剧的诞生》，见《悲剧的诞生：尼采美学文选》，第5页。

舟，正如孤独的人置身于苦难世界中通过信仰个体化原理而能保持平静。尼采认为这里的个体化原理，即藏身其中者的平静安坐精神，恰好在日神身上得到了最庄严的表达。日神本身被看作个体化原理的壮丽的神圣形象，他的表情和目光向我们表明了"外观"的全部喜悦、智慧及其美丽①。在日神精神的作用下，人依然作为个体存在，不像酒神精神那样通过自我否定与世界意志合为一体，相反人通过自我肯定沉浸于梦境的美丽外观，这外观就像一面保护镜使人能静观苦难世界并获得一定程度的解脱。不过问题在于，那舟子不可能持续地、永久地静观着他周围波涛汹涌的大海，他不可能永远地保持日神的状态而相安无事，因为大海的激流随时可能把整艘小船吞没掉。也就是说，孤独的人虽然在日神的召梦下能暂时躲过一劫，但是这终究不会是长久之计，因为在平静之下有一股异常强烈的力量——酒神精神在蠢蠢欲动，随时准备冲破日神的外观之镜。这一冲破在希腊悲剧中体现得尤为明显。在悲剧艺术中，个体化原理开始崩溃，摩耶面纱被撕碎，酒神带着其神秘的欢呼声使人通向存在之母、外物的核心的道路，尽管日神的梦象仍缓缓升起，但是这个梦象呈现的是世界的原始痛苦，以至于酒神的强大力量促使日神也说起了酒神的语言。

在此，尼采引用了古希腊神话普罗米修斯的传说予以进一步说明。普罗米修斯是古希腊神话中泰坦一族的神明之一，其父亲是地母盖亚与乌拉诺斯的儿子伊阿珀托斯，母亲是

---

① 尼采：《悲剧的诞生》，见《悲剧的诞生：尼采美学文选》，第5页。

名望女神克吕墨涅。传说中,普罗米修斯用泥土雕塑出人的形状,雅典娜为泥人赋予灵魂,自此有了人类的诞生。随后众神们开始讨论人类为神献祭的条件,普罗米修斯为了保护人类的利益,使用诡计蒙骗了宙斯,宙斯为了报复普罗米修斯,决定拒绝向人类提供生存的必需品——火。然而普罗米修斯还是凭借着智慧给人类带来了火种。为此宙斯要求火神惩罚普罗米修斯,用锁链把普罗米修斯钉在高加索山的悬崖上,并派鹰啄食其肝脏。但是普罗米修斯始终没有屈服,后来被赫拉克勒斯解救出来。尼采把普罗米修斯敢于对抗和亵渎神的这股精神迁移到悲剧精神的论说之中,他说:"谁懂得普罗米修斯传说的最内在核心在于向泰坦式奋斗者的个人显示亵渎之必要,谁就必定同时感觉到这一悲观观念的非日神性质。因为日神安抚个人的办法,恰是在他们之间划出界限,要求人们'认识自己'和'中庸',提醒人们注意这条界限是神圣的世界法则。可是,为了使形式在这日神倾向中不致凝固为埃及式的僵硬和冷酷,为了在努力替单片波浪划定其路径和范围时,整个大海不致静死,酒神激情的洪波随时重新冲毁日神'意志'试图用来片面规束希腊世界的一切小堤坝。"[①]可以说,在普罗米修斯身上,我们看到了酒神精神如何在与日神精神的斗争中获得胜利这一典型的诠释。当然,尽管希腊悲剧中酒神精神的力量如此显赫,但是绝不意味着它能够取消了日神精神的作用,相反,日神精神在与酒神精神的互动之中使自己有了更牢靠和充实的根基,而不仅仅是沉浸在单纯的美的

---

① 尼采:《悲剧的诞生》,见《悲剧的诞生:尼采美学文选》,第 40 页。

形式之直观当中。

值得注意的是，尼采认为，欧里庇得斯的悲剧以及后来受欧里庇得斯影响深远的阿提卡新喜剧，在一定程度上预示着希腊悲剧开始走向衰落的道路。作为古希腊三大悲剧家之一，欧里庇得斯曾与智者学派人物普罗泰戈拉有过交往，并且与苏格拉底成为好友，对神和命运等宗教信仰持怀疑态度，他的作品更加关注平民百姓的日常生活和社会现实，显示出平实而自然的风格。在欧里庇得斯之前，酒神才是希腊悲剧的主要角色，悲剧中的半神和喜剧中的醉鬼萨提儿或半人决定着戏剧的语言特性。但是欧里庇得斯把日神和酒神赶出舞台，而将观众搬上舞台，按照自然再现的笔法忠实地反映世俗生活，从此悲剧失去神圣的光环。于是，尼采批评"欧里庇得斯的戏剧是一种又冷又烫的东西，既可冻结又可燃烧。它一方面尽其所能地摆脱酒神因素，另一方面又无能达到史诗的日神效果。因此，现在为了一般能产生效果，就需要新的刺激手段，这种手段现在不再属于两种仅有的艺术冲动即日神冲动和酒神冲动的范围。它即是冷漠悖理的思考（取代日神的直观）和炽烈的情感（取代酒神的兴奋），而且是维妙维肖地伪造出来的、绝对不能进入艺术氛围的思想和情感。"①实际上，欧里庇得斯戏剧的原初目的可能是为了取消酒神精神，但是没有了酒神精神存在，真正的日神精神就难以存在，因此在某种意义上他也取消了日神精神。这样一来，欧里庇得斯把戏剧独独建立在日神基础之上是完全不成功的，他的非酒神倾

---

① 尼采：《悲剧的诞生》，见《悲剧的诞生：尼采美学文选》，第51—52页。

向反而迷失为自然主义的非艺术的倾向①。尼采指出，欧里庇得斯遵循"理解然后美"的艺术创作原则，这正好呼应了苏格拉底的"知识即美德"原则，将理性主义方法放在了戏剧的首位。比如在开场白里，欧里庇得斯故意让一个人物登场介绍剧情的来龙去脉，一方面可以确保剧情的真实性，另一方面可以使观众专注于诗的美和正文的激情。但是这样做的代价是取消了戏剧的悬念效果，观众不再揣摩戏剧里某个人物或情节的前因后果，不再全神贯注于主角的苦难和行为，从而大大削弱了戏剧整体的震撼效果。

伴随着酒神精神的没落，日神精神在欧里庇得斯那里实际上被异化了，换句话说，日神精神已经不再是欧里庇得斯之前希腊悲剧的日神精神。在这里，尼采对苏格拉底主义崇尚的理性主义渗入艺术领域的现象作出了强烈的批判。他认为审美苏格拉底主义就是一种凶杀的原则，苏格拉底就是酒神的敌人②。后来西方尤其是近现代以来兴起的科学，在某种程度上可以看作理性主义的延续。尼采对艺术的推崇以及对科学主义、理性主义的批判，似乎跟叔本华有种异曲同工之处。叔本华认为，世界可分为作为表象的世界和作为意志的世界，而意志才是世界最内在的本质。近代以来科学逐步盛行，越来越多人推崇甚至迷信科学主义，认为人类只要对科学知识不断穷尽就可以达到对世界本质的认识，人是一切万事万物的主宰。但是叔本华打破了这种传统的看法，他说："原来一

---

① 尼采：《悲剧的诞生》，见《悲剧的诞生：尼采美学文选》，第 52 页。
② 尼采：《悲剧的诞生》，见《悲剧的诞生：尼采美学文选》，第 54 页。

切狭义的科学,也就是我所理解的,以根据律为线索的有系统的知识,永远达不到一个最后的目标,也不能提出完全圆满的说明;因为这种知识永达不到世界最内在的本质,永远不能超出表象之外;而是除了教导人们认识一些表象间的相互关系以外,再没有什么了。"①由于科学始终受到隶属于表象世界的根据律所羁绊,所以它离意志的世界比较远,也就是离世界的本质很远,始终在外部兜圈子。那么有没有摆脱根据律形式的存在物?叔本华认为是有的,"理念"便摆脱了根据律所有形式,它是"知识的纯粹主体和他的对应物"②。唯有当"认识着的个体已升为'认识'的纯粹主体,而被考察的客体也正因此而升为理念了,这时,作为表象的世界才[能]完美而纯粹地出现,才圆满地实现了意志的客体化,因为唯有理念才是意志的恰如其分的客体性"③。因此,在靠近作为本质的意志世界上,艺术比科学处于优势的地位,因为正如叔本华所说的:"艺术的唯一源泉是对理念的认识,它唯一的目标就是传达这一认识。"④总结起来,因为理念是意志的客体性,而艺术又是对理念的认识,所以相比科学,艺术与意志的关系更加紧密。

① 叔本华:《作为意志和表象的世界》,石冲白译,北京:商务印书馆,1997年版,第59—60页。

② 叔本华:《作为意志和表象的世界》,石冲白译,北京:商务印书馆,1997年版,第251页。

③ 叔本华:《作为意志和表象的世界》,石冲白译,北京:商务印书馆,1997年版,第251页。

④ 叔本华:《作为意志和表象的世界》,石冲白译,北京:商务印书馆,1997年版,第258页。

在抑科学而扬艺术的立场上,尼采在一定程度上继承了叔本华。只不过尼采把这种科学主义、理性至上和概念至上等看法溯源到古希腊时期,同时批判苏格拉底关于"知识即美德"的主张体现的是一种贪得无厌的乐观主义求知欲。而这种贪得无厌的乐观主义求知欲正是造成人生充满痛苦的重要导火索。按照叔本华的看法,"困苦、忧伤并不直接而必然地来自'无所有',而是因为'欲有所有'而仍'不得有'才产生的","'导致痛苦的不是贫穷,而是贪欲'。(厄披克德特:《断片》第二十五条)","一切痛苦都是由于我们所要求,所期待的和我们实际所得到的不成比例而产生的,而这种不成比例的关系又显然只在人的认识中才能有,所以有了更高的解悟就可以把它取消"[①]。因此,在他看来,解决痛苦的途径是使认识着的个体升为"认识"的纯粹主体,认识的客体成为理念,达到从作为表象的世界过渡到作为意志的世界。因为认识着的个体始终带有贪得无厌的欲求和个性等倾向,只有升为无欲无求的纯粹主体,才有可能暂时摆脱那表象世界所带来的痛苦。

　　而在尼采那里,日神作为个体化原理的神圣形象,它以梦的美丽外观的方式使人暂时放弃个人的一切欲求,平静地沉浸于美的形式之中,从而在苦难世界中达到身心的解脱。从这一点来看,日神精神与充满乐观主义求知欲的苏格拉底精神是格格不入的。然而日神艺术家的作用毕竟有一定的局限性,诚如尼采所言:"荷马式幻想的轻松和粗率是必需的,以求

---

① 叔本华:《作为意志和表象的世界》,石冲白译,北京:商务印书馆,1997年版,第137—138页。

抚慰和暂时解脱过于激动的情绪和过于敏锐的悟性。他们的悟性说：人生看来是多么严酷！他们并不自欺，但他们故意用谎言戏弄人生。……他们知道，唯有艺术能化苦难为欢乐。但是，作为对这种认识的惩罚，他们如此受虚构欲望的折磨，以致在日常生活中也难以摆脱谎言和欺骗了，正像一切诗化民族都爱撒谎，并且毫无罪恶感一样。"①这里的谎言便是日神盖在苦难的现实生活之中的那一层面纱，使人能够暂时找到忍受生活景象的避风港。但是从长远来看，人无法永远地活在这层面纱掩盖下的幻象中，因为酒神的原始回响召唤着我们不断寻找通向万物存在之核心的道路，即能够真正拯救人生苦难的道路。在这种情况下，酒神精神便呼之欲出。

---

① 尼采：《出自艺术家和作家的灵魂》，见《悲剧的诞生：尼采美学文选》，第179页。

第五章　酒神精神[1]

　　"酒神精神"是尼采用审美的态度来观照悲剧的本质问题的另一核心概念。同"日神精神"一样,酒神精神也是生命的原始情绪与本能冲动的化身,它从根本上形构了悲剧世界至深处那腾涌的、绵延不绝的意志之源。我们知道,在古希腊神话中,酒神名曰"狄奥尼索斯",他由众神之王宙斯与卡德摩斯(即忒拜城的创建者)的女儿塞墨勒所生。当他尚在母腹中时,母亲塞墨勒就受到天后赫拉的巧言唆使,请求面见宙斯的天神真身,结果被后者显现时的雷火烧死。情急之下,宙斯救出这个婴孩,把他缝进自己的大腿进行孕育;待他出生之后,宙斯又将他伪装成小羊,以此为他施予保护。但这一切都被嫉恨的赫拉识破,她遣派泰坦巨人把小羊撕碎并肢解。所幸的是,雅典娜救出其心脏,交由地母盖亚,她吞食之后让狄奥尼索斯得以重生。从此,狄奥尼索斯就交给色雷斯尼萨山上的山林女神抚养,并受教于西勒诺斯;在与世隔绝的森林中,他不仅学会了种植葡萄和酿造酒浆,还拥有诸如萨提儿和其他山林女神等狂热的崇拜者。后来,他走出山林,开始在小亚细亚、色雷斯乃至恒河流域等地区漫游,教会人们栽植葡萄与

---

[1]　本章由王莹雪执笔,肖建华校订。

酿酒,并以其强大的感召力向诸众散布生活的欢愉,以至于其车辇所到之处,所有的拥护者都深陷于迷醉、狂热与谵妄之中。[①]

随着酒神崇拜的兴起,古希腊民间也就出现了各式的酒神祭典与节庆。在这些仪式(特别是俄尔甫斯秘仪)之上,酒神狂女(即酒神的女祭司)会进入通灵的迷狂状态,而其他的酒神信徒则远离了日常的生活规约,他们尽情游戏、舞蹈、大笑、狂饮,甚至最主要的就是纵欲(用尼采的话说:"这些节日的核心都是一种癫狂的性放纵");在模糊了人性与兽性、文明与野蛮、现实与虚幻的界限之后,他们便僭越了个体的所有有限性,并最终使整个社群都消融于无序的混沌之中。在尼采看来,希腊人用这些神秘仪式担保的无疑是一种永恒的生命,即他们"通过性生殖、性的神秘仪式而达到的总体的永生"[②]。借由此,狄奥尼索斯的狂热欲望及其趋向生命的永恒本能,便以宗教[③]的方式被希腊人感受到。通过如此群情激昂的神秘教义,尼采还发现,一切生成与创造所担保之物都必须以产妇般的"痛苦"为前提条件,这种痛苦不仅能够被神圣化为最崇

---

① 参见奥托·泽曼:《希腊罗马神话》,周惠译,上海:上海人民出版社,2005年版,第139—142页。还有一说认为,狄奥尼索被雅典娜救下而重生之后,又再次被赫拉袭击,他因此变得疯狂,并带着一班信徒开始游荡;后来,地母治好他的癫狂,恢复他的神性,最后使他回到希腊。

② 尼采:《悲剧的诞生》,见《悲剧的诞生:尼采美学文选》,第8页;尼采:《偶像的黄昏》,李超杰译,北京:商务印书馆,2013年版,第99页。

③ 当然,这种原始的宗教有别于基督教,因为在尼采看来,后者将性当作某种污浊物而置于生命的开端,这是敌视生命本能的表现。

高、最庄严的情感，而且它也成为一种兴奋剂，以此将个体的毁灭与牺牲转换为生生不息的快感与乐趣。诚然，狄奥尼索斯本身位列奥林匹斯十二神之一，但与其他神灵有别，其职责"不是通过使他者神圣化而肯定和加强人类和社会领域"，而是对这个领域提出质疑，同时"通过自己的存在揭示神圣的另一种形态，这种形态不再有规律、不再稳定和有限，而是怪异的、难以把握又难以应付……他超出一切形式，脱离一切规定，他的显现千变万化"①。狄奥尼索斯的毁灭、重生与癫狂注定都具有神圣性，尽管他必然以陌异不定的而非纯熟明朗的形态呈现，尽管他必然会使崇拜者们不自觉地逾越个体与社会的所有秩序，但这毕竟是一种泛滥的生命感与力感的展现。为此，尼采强调，我们必须正视狄奥尼索斯现象，因为只有从酒神秘仪与酒神状态那里，希腊人对于艺术与人生的深刻思考和卓绝智慧才能昭然若揭。

作为"狄奥尼索斯的最后门徒"，尼采宣称道："我是第一个为了理解古老而充沛甚至于泛滥的希腊本能而认真对待那个被称为狄奥尼索斯的奇妙现象的人：它只有从力的过量才能得以说明。"②换言之，希腊人的酒神本能就是一种力的过剩或生命意志的过剩；与呈现出静美梦境的日神本能相比，它不依靠一种虚幻的日光视象，而是紧贴着人的身体与大地的心脏，它自由、充盈、强健，并且奔涌不息。在尼采看来，审美活

---

① 让·皮埃尔·韦尔南：《古希腊的神话与宗教》，杜小真译，北京：商务印书馆，2015年版，第89页。

② 尼采：《偶像的黄昏》，李超杰译，北京：商务印书馆，2013年版，第97页。

动与审美直观不可或缺的生理前提之一正是酒神之"醉",它可细分为不同类型,如性冲动的醉,这是最古老、最原始的醉;由强大的欲望与强烈的感情激起的醉;节日的醉、表演的醉;在特定气象影响下出现的醉,如春天的醉;在麻醉剂影响下产生的醉;最后还有一种膨胀的、充盈的意志之醉。总而言之,醉的本质就是一种酒神本能,它是从身心角度出发的力的提升与充盈,"在这种状态下,人由于其自己的充沛而使一切事务充实起来:人之所见,人之所愿,皆是膨胀的、结实的、强大的和力量过剩的"①。尼采认为,叔本华在发现日神摩耶面纱的同时,无疑也瞥见了酒神之醉所带来的"巨大的惊骇":当一个人囿于个体化原理与生命意志的现象时,他"正好像一个水手,在一望无涯的怒海上驾着一只小船,山一般的波涛在起伏咆哮,他却信赖这微小的一叶扁舟;一个个安然在充满痛苦的世界正中坐着的人也就是这样信赖着个体化原理,亦即信赖个体借以认识事物,把事物认为现象的方式。无边的世界到处充满痛苦,在过去无尽,在将来无尽,那是他体会不到的,在他看来甚至只是一个童话"②。在尼采看来,日神本身就是作为个体化原理的壮丽而神圣的形象,就像水手带着坚定信心而安然端坐那样;而一旦波涛汹涌的痛苦之海倾覆了小船,一旦充足理由律在个体化的形态中碰到了例外,那么,突如其来

---

① 尼采:《偶像的黄昏》,李超杰译,北京:商务印书馆,2013 年版,第 58 页。

② 叔本华:《作为意志和表象的世界》,石冲白译,北京:商务印书馆,1997 年版,第 483—484 页。尼采所引的部分与叔本华的表述稍微有点出入,在此把原书语句完整摘录出来,以便于理解。

的惊骇与冥悟便会摄住了人,除此之外,"如果我们再补充上个体化原理崩溃之时从人的最内在基础即天性中升起的充满幸福的狂喜,我们就瞥见了酒神的本质,把它比拟为醉乃是最贴切的。"①显然,叔本华仅仅直觉到潜隐在日神面纱之后的酒神征象,他看到,意志世界的彰显只会使个体化原理失落,并给人带来无尽的且难以承负的苦痛与恐惧。尼采则看到,唯有通过那种直面生存之苦后迸发出的幸福狂喜,叔本华的悲观主义与否定意志才能完成一个华丽的转身,从而真正把捉到酒神的醉之本质。

在艺术之域,这种酒神的迷醉与强力就展衍为非造型艺术,它与日神的造型艺术形成鲜明的对照。如果说,日神艺术的本质在于梦境的美丽外观的话,那么,酒神艺术的本质则在于音乐的无形狂喜与迷醉。尼采指出,常规意义上的音乐可分为两种类型,其中:"日神音乐是音调的多立克式建筑术,但只是某些特定的音调,例如竖琴的音调",而那种非日神的因素,才真正决定着酒神音乐乃至一般音乐的特性,"如音调的震撼人心的力量,歌韵的急流直泻,和声的绝妙境界"等②。酒神颂显然属于后者,因为从它那里,希腊人深切感受到一种难以抑制的酒神魔力:在酒神节上,当酒神歌队开始颂唱,而炽热的音乐情绪开始腾涌之时,每个人都感到自己同邻人、同被奴役的自然重新团结、和解、款洽,甚至融为一体;摩耶面纱被撕裂了,神秘的太一终于显露了,超自然的奇迹降临在人的身

① 尼采:《悲剧的诞生》,见《悲剧的诞生:尼采美学文选》,第5页。
② 尼采:《悲剧的诞生》,见《悲剧的诞生:尼采美学文选》,第9页。

上。此刻的人欣喜若狂，觉得他自己就是神，而且，透过一种极乐的满足与醉的颤栗，他不再是艺术家，而是显示为整个自然的艺术品。或可质言之，作为艺术力量的酒神冲动此时就是从自然界迸发出来，其醉的现实就是自然界本身最为直接的艺术状态。面对自然这极具强力的原始艺术冲动，希腊酒神的醉艺术家们都发出了痛极生乐的欢喊，在他们的酒神宴乐与酒神颂歌中，个体化原理的崩溃都真正变为审美的艺术现象。这是一种从未有过的感受，希腊人的创造力与大自然的创造力合为一体，它已经达致爆发的临界点而急欲得到表达。由此，创造力的过剩就生发出一个全新的艺术世界：人的整个躯体（如双唇、面庞、手足等）以及寓于节奏、动力与和声的音乐，都成为酒神本能的象征性表达。不仅如此，音乐中所蕴含的酒神冲动或酒神本能还将酒神式的希腊人与日神式的希腊人、酒神艺术家与日神艺术家区分开来，诚如尼采所言："唱着颂歌的酒神信徒只被同道中人理解！日神式的希腊人看到他们必定多么惊愕！……也许这一切对他来说原非如此陌生，甚至他的日神信仰也不过是用来遮隔面前这酒神世界的一层面纱罢了。"[①]从这一层面来讲，酒神音乐就不单单是酒神冲动的载体，而且还赋予了希腊人一种比日神信仰远为深刻的审美态度与处世姿态，简言之，即酒神精神。在尼采看来，"只要我们没有回答'什么是酒神精神'这个问题，希腊人就始终全然是未被理解的和不可想象的"[②]，而且，他们对待痛

---

① 尼采：《悲剧的诞生》，见《悲剧的诞生：尼采美学文选》，第 9 页。

② 尼采：《自我批判的尝试》，见《悲剧的诞生：尼采美学文选》，第 274 页。

苦的态度及其艺术发展的根源动力也就始终是悬而未决的。

　　关于这种来自希腊民间的意味深长的酒神智慧，尼采援引了一个古老的神话——一日，弗里吉亚国王弥达斯在树林中寻猎到酒神的陪护者西勒诺斯，问他：人最好的东西是什么？西勒诺斯一直保持沉默，直到最后，在国王的威逼之下，他答道：“那最好的东西是你根本得不到的，这就是不要降生，不要存在，成为虚无。不过对于你还有次好的东西——立刻就死。”[1]显然，希腊人深知生存的可怖与虚无，但他们渴望继续活下去，所以，他们用艺术创造了日神文化那明朗与素朴的幻象，以掩盖美的世界之下的深层基础，即永恒的受苦体与冲突体，而这正是西勒诺斯所要揭开的可怕智慧。但酒神艺术家却无所畏惧，他与那种原始痛苦、原始冲突打成一片，与自然的心灵融为一体，并用无形象无概念的音乐精神展现出来。不仅如此，这些艺术家还促使酒神音乐进入到“诗”[2]的领域之中，由此创造出酒神艺术的另一代表形式：抒情诗。在尼采看来，荷马与阿尔基洛科斯（抒情诗与讽刺诗诗人）是希腊诗歌的始祖，他们都因自身完美率真的天性而深受希腊人的尊崇。有趣的是，这两位诗人却有着截然相对的精神气质与艺术本能。不难看到，作为日神艺术家的荷马总是愕然于酒神艺术家阿尔基洛科斯那愤恨讥讽的呼喊与如醉如狂的情欲，而后者每时每刻那心惊肉跳的狂舞总是不厌其烦地抵抗着前者纯

---

① 尼采：《悲剧的诞生》，见《悲剧的诞生：尼采美学文选》，第 11 页。

② 在古希腊的文化语境下，“诗”是一个广义的“诗”概念，它包括史诗、抒情诗、悲剧、喜剧等。

粹超然的静观。从阿尔基洛科斯身上，尼采发现了古代希腊抒情诗的一个重要征象，即抒情诗人与乐师、抒情诗与音乐自然而然地合为一体。在他看来，诗的创作活动事实上与音乐密不可分，正如席勒所承认的那样，"诗创作活动的预备状态，决不是眼前或心中有了一系列用思维条理化的形象，而毋宁说是一种音乐情绪"①。就抒情诗而言，只有处在音乐情绪的环抱之中，诗本身才能潜蕴着其至深的酒神冲动，而诗人才能最大程度地贴近世界意志的心房。在这一阶段，抒情诗诗人就是太一的化身，他否弃了作为个体现象的自我而投身于生存整体的可怕深渊之中；他是痛苦的，同时也是快乐的，痛苦是因为意志，快乐是因为永恒的自由。但该诗人毕竟不同于酒神音乐家，缘由在于抒情诗的诗体特征决定了诗人必须将无形的原始痛苦及其至高快乐进一步外化为可感知的譬喻性形象。相形之下，如果说，酒神音乐家仅仅沉湎于意志世界的原始回响的话，那么，"抒情诗的天才则感觉到，从神秘的自弃和统一状态中生长出一个形象和譬喻的世界"②，比如：当阿尔基洛科斯描写他向爱恋者表达其痴情与蔑视时，他呈现给我们的并非其如痴如狂的、无从捉摸的诞妄激情，而是他酩酊大醉的形象。然而，这个象征性的形象世界终究有别于史诗诗人与雕塑家的外观世界——即它仅仅视形象为纯粹的形象，并专注于形象最细微的特征；相反，在譬喻性世界中，抒情诗人的形象只是诗人自己，即那个筑基于永恒的生命意志的、无

① 尼采：《悲剧的诞生》，见《悲剧的诞生：尼采美学文选》，第 17—18 页。
② 尼采：《悲剧的诞生》，见《悲剧的诞生：尼采美学文选》，第 19 页。

处不在的自我。所以,尼采指出,这远非现代美学划分客观艺术与主观艺术的论断①那么简单,因为在此视阈之下,抒情诗人所谓的"主观性"只是一个错觉。正确的理解应该为:阿尔基洛科斯这个热烈燃烧着爱与恨的激情的人,其实是意志世界的创造力的幻影,它借他的外观形象象征性地说出自己的原始痛苦与挣扎。正如欧里庇得斯在《酒神的伴侣》里所生动描绘的那样:正午,阳光普照,一个人醉卧在阿尔卑斯山的草地上,"这时,阿波罗走近了,用月桂枝轻触他。于是,醉卧者身上酒神和音乐的魔力似乎向四周迸发如画的焰火"②。这就是抒情诗,而这个抒情诗诗人既是主体也是客体,或者说,既超越了主体也超越了客体,他变成一个中介,透过他,热烈奔放的生命意志与酒神冲动就可以借由其譬喻性形象而进行言说。

由此可知,作为酒神艺术的抒情诗(或民歌)同时汇聚了两种艺术冲动,即酒神本能与日神本能,或者说,汇聚了两种审美态度,即酒神精神与日神精神。而且,酒神本能与酒神精神是日神本能与日神精神的根基,而后者则是前者自然而然唤起的譬喻性形象,是其主动外化的象征性表达。沿袭了叔

---

① 尼采认为,现代美学所言的"主观"是指诗人创作诗歌的内容和灵感来自他们自身的感觉,"客观"是指诗人描写的是其他人和地方(可以是真实的,也可以是虚构的);由此可知,以阿尔基洛科斯为代表的抒情诗诗人应归属于主观诗人,而以荷马为代表的史诗诗人应归属于客观诗人。参见道格拉斯·伯纳姆,马丁·杰幸豪森:《导读尼采〈悲剧的诞生〉》,丁岩译,重庆:重庆大学出版社,2016年版,第73—74页。

② 尼采:《悲剧的诞生》,见《悲剧的诞生:尼采美学文选》,第18页。

本华关于意志与现象的审美区分,尼采指出,音乐表现为意志,这是肯定的,但同时应该清楚的是,"意志本身是非审美的"①。因而,当音乐表现为意志时,它本身必须诉诸意志的现象或形象,才能真正摆脱其欲求而被纳入艺术的纯粹审美之域。同样地,对抒情诗而言,音乐必定会迫使诗的语言对意志的形象作出图解,但是,这种"语言绝不能把音乐的世界象征圆满地表现出来",绝不能把音乐的至深内容及其超乎现象的普遍性完美地传达出来:"每种现象之于音乐毋宁只是譬喻;因此,语言作为现象的器官和符号,绝对不能把音乐的至深内容加以披露"②。诗的语言与音乐之间于是就形成了一种潜在的张力;在这种张力里面,日神冲动与酒神冲动并不处于静态的对峙之下,而是始终处在动态的互动与和解当中。理解这一点尤为关键,因为它启发了尼采对艺术精神的二元性的思考。

综上所述,从音乐与诗的结合中,希腊人为其天性中的酒神智慧与酒神激情找寻到一个全新的艺术世界——抒情诗。在其中,他们对待痛苦、激情、癫狂、妄诞的态度以一种愈来愈强烈的,且近乎满溢的对美的渴求而展现出来。最终,古希腊抒情诗达到了其最高发展形式,即悲剧和酒神颂。顺沿上述对酒神艺术的本质的思考,尼采认为,悲剧同样也孕育于酒神音乐之中,准确地说,它就产生于酒神颂的萨提儿歌队。我们知道,希腊人深谙生存的痛苦与虚无,正如他们借山林之神西勒诺斯的可怕智慧所道出的那样,人最好的东西就是"不要降

---

① 尼采:《悲剧的诞生》,见《悲剧的诞生:尼采美学文选》,第24页。

② 尼采:《悲剧的诞生》,见《悲剧的诞生:尼采美学文选》,第24页。

生,不要存在,成为虚无"。但是在悲剧的舞台上,希腊人却能够用大胆的目光直视意志世界的残酷与生存本身的荒谬,这是因为:一方面,萨提儿歌队筑起了一道抵挡汹涌现实的活墙,它用艺术带来的形而上慰藉使人们得以从沉重的生存现实中短暂抽身,由此,"酒神颂的萨提儿歌队是希腊艺术的救世之举;在这些酒神护送者的缓冲世界中,上述突发的激情(即对生存的荒谬本质的厌恶——引者)宣泄殆尽"[①]。另一方面,萨提儿歌队本身就是自然生灵的歌队,它既是酒神的兴高采烈的醉心者,也是本真之人最高最强的酒神冲动的表达。在悲剧歌队身上,那些具有酒神精神的希腊人看到了最有力的真实和自然,渐渐地,他们还看到自己魔变为萨提儿,而且,在一种极为强烈的统一感的感召下,他们最终与歌队成员、与其他所有观众融为一体。每个人都在向着酒神欢喊,而酒神的幻象则向着其顶礼膜拜者显现。作为悲剧舞台的主角与幻象中心,酒神一开始是被想象为在场,而非真的在场,因为悲剧本来只是"合唱",而不是"戏剧";"直到后来,才试图把这位神灵作为真人显现出来,使这一幻象及其灿烂的光环可以有目共睹"[②],以至于悲剧歌队用合唱激起酒神式的兴奋时,所有观众所看到的绝非带着酒神面具的演员,而是从他们的迷狂中生发出的酒神幻象,这就是酒神冲动在戏剧舞台上使自己客观化为可见的日神现象的结果。现在,酒神的魔力已开始由悲剧诗人进行言说,而酒神音乐也开始形诸具体的悲剧题

---

① 尼采:《悲剧的诞生》,见《悲剧的诞生:尼采美学文选》,第 29 页。

② 尼采:《悲剧的诞生》,见《悲剧的诞生:尼采美学文选》,第 33—34 页。

材与悲剧主角。

　　我们已经知悉,悲剧的题材是悲剧神话,悲剧的主角是悲剧英雄。于悲剧诗人而言,悲剧神话由悲剧音乐产生,它灌注着后者漫溢的酒神冲动与过剩的酒神强力,并进而客观化为一个譬喻性直观的总体视阈。在此基础上,悲剧诗人继续用日神式的譬喻手段将悲剧英雄从悲剧神话中凸显出来,使他代酒神立言。不难理解,无论是索福克勒斯所描画的惨遭三重厄运的俄狄浦斯,还是埃斯库罗斯笔下那为佑护人类而与天神抗衡的普罗米修斯,无论是消极地接受毁灭,还是积极地担负苦痛,所有深陷意志罗网的悲剧英雄都以史诗般的明确性和清晰性显现为酒神受苦的个体化形态,他们都在支离破碎的存在中蒙受了荣光。在舞台的幻境之下,那位从意志世界的至深处涌现出的酒神,透过作为个体的悲剧英雄,亲自经历着、重演着幼年时被赫拉追杀、被泰坦众神肢解的灾祸;而剧场中的所有观众(当然也包括悲剧诗人)都直观到那个具有神圣性与明朗形象的落魄神明,以及那个已褪去铅尘后被痛苦湮没的本真的自己。由此,"从这位酒神的微笑产生了奥林匹斯众神,从他的眼泪产生了人。在这种存在中,作为被肢解了的神,酒神具有一个残酷野蛮的恶魔和一个温和仁慈的君主的双重天性。但是,秘仪信徒们的希望寄托于酒神的新生,我们现在要充满预感地把这新生理解为个体化的终结,秘仪信徒们向这正在降生的第三个酒神狂热地欢呼歌唱。"[①]尽管兼具了神圣性与悲剧性面相的酒神被生存的可怕深渊吞没,

①　尼采:《悲剧的诞生》,见《悲剧的诞生:尼采美学文选》,第41—42页。

但仍有"第三个酒神"在鄙弃了个体化的苦痛状态后,从至暗中涅槃重生。这是酒神的信徒与顶礼膜拜者们破除了个体化魅惑的必然结果,他们用集体狂热的庆祭和呼喊从毁灭中迸发出快乐的光芒,悲观世界的深沉阴霾由此也就让位于悲剧艺术带来的形而上慰藉。在这紧贴着大地与身体的酒神精神中,永恒的生命意志得以纵情流溢与高歌狂舞。

尼采认为,在索福克勒斯与埃斯库罗斯置身的时代中,酒神精神一直是悲剧艺术的本原动力,它不仅打破了个体化状态下否定意志的可怖禁锢,而且也从自身的土壤中生长出阿波罗式的乐天花朵。然而,到了欧里庇得斯那里,悲剧的酒神精神便蔫然凋敝:悲剧死了,连同悲剧音乐、悲剧神话、悲剧英雄都死去了,所有的一切都变成了一些关于酒神的冒牌摹本与变质形态。不难看到,欧里庇得斯的悲剧以及后起的阿提卡新喜剧都将庸众的世俗生活一丝不苟地搬上舞台,并且不遗余力地把原始的酒神因素从戏剧中排除出去。此时的戏剧(尤其是悲剧)已不再孕育于音乐的怀抱,也不再诞生于酒神的扑朔迷离,它从根本上触犯了民间古老的酒神智慧,并触犯了由来已久的酒神崇拜。观众在舞台上如同照镜子一般沾沾自喜地看到了自己庸常的形貌、举止与语言,而不是由酒神、酒神的护从,抑或戴着酒神面具的神话英雄(即半神)所言说的关乎自然的深邃奥秘。尼采特别指出,尽管欧里庇得斯的悲剧完全建立在非酒神的艺术、风俗与世界观的基础上,但仍然抵挡不住酒神的强大魔力:就像《酒神的伴侣》中的彭透斯[①]

---

① 忒拜国王,阿高厄(即狄奥尼索斯的母亲塞墨勒的妹妹)之子,卡德摩斯的外孙。

那样,尽管他视酒神狄奥尼索斯为敌,但终究还是被他迷住,不得不带着迷惑奔向自己的厄运(即死在酒神狂女的手中),而他代表的城邦理性与秩序不得不被残暴、迷狂、欲望、疯癫等酒神激情所僭越。或者说,像卡德摩斯对狄奥尼索斯采取一种外交式的审慎合作那样,欧里庇得斯最终必然会被艺术法官变作一条龙,从而被驱逐到蛮夷之地以作惩罚。亵神的欧里庇得斯让希腊人放弃了对酒神的信仰,让俗世的喧噪扼杀了悲剧诗人对神谕的感召,甚至让理性的辩证法与机械降神的浅薄手段取代了观众本能冲动的自由漫溢。由此看来,欧里庇得斯已经沦为一个彻头彻尾的戏剧化史诗诗人,他不仅与其笔下的戏剧形象截然分隔开来,还用冷漠悖理的思考与伪造的情感刺激驱逐了悲剧原初的日神效果与酒神魔力。尼采指出,欧里庇得斯就此便与以往的悲剧诗人判然有别,因为他是第一个以清醒者的身份去谴责醉醺醺的悲剧诗人的人,显然,"这是新的对立,酒神精神与苏格拉底精神的对立,而希腊悲剧艺术作品就毁灭于苏格拉底精神。"[①]或可易言之,欧里庇得斯就是这样一个代苏格拉底立言,而非代酒神乃至日神立言的诗人,他那"理解然后美"的审美原则完全与苏格拉底"知识即美德"的理性原则相平行;可以说,这种"审美苏格拉底主义"就是 种令人激愤的凶杀暴力,它以过度发达的逻辑天性取消了艺术直观的智慧,而漠然地借用理论家式的批判论调将酒神精神判处死刑:"在一切创造者那里,直觉都是创造和肯定的力量,而知觉则起判断和劝阻的作用;在苏格

① 尼采:《悲剧的诞生》,见《悲剧的诞生:尼采美学文选》,第 50 页。

拉底，却是直觉从事批判，知觉从事创造——真是一件赤裸裸的大怪事！"[1]通过"直觉"和"知觉"的本末倒置，苏格拉底为所有艺术家的创造力或创造本能设置了牢不可破的知识格栅（即概念、论断、推理等逻辑程序），它致使音乐被皱缩成理论意义上的乐天远景，神话被贴上科学的标签，甚至迫使英雄主义式的非理性冲动沦为理性辩证法的傀偏。不但如此，苏格拉底精神那贪得无厌的求知欲最终还为希腊人确立起一种新的处世伦理，它赋予了知识与德行、幸福、信念之间以必然的联结。就这样，希腊人筑基于酒神精神的内在世界就彻底地被一拥而入的非酒神精神粉碎殆尽了，"在希腊民族广大地区表面，非酒神精神的瘴气弥漫，并以'希腊的乐天'的形式出现……这种乐天是一种衰老得不再生产的生存欲望"[2]。从那之后，希腊民族的生命意志与酒神根基就在一片无力困乏的虚假云景中销声匿迹了。

尼采指出，直至他所置身的时代，苏格拉底式的乐天主义氛围依旧罩遮着艺术的酒神冲动。特别是在德国的歌剧文化之域，花里胡哨的乐调、繁文缛节的道德教条、空洞涣散的娱乐倾向都公然带着一种非审美的趣味向艺术发号施令，它们非但不引导公众去直视生存的可怖与痛苦，反而不断地为自身的粗鄙寻觅着骗人的外衣抑或审美的借口。这无疑给德国

---

① 尼采：《悲剧的诞生》，见《悲剧的诞生：尼采美学文选》，第 57 页。尼采所言的"知觉"并非意指那种对作用于人之感官的事物的整体认识，而是指一种用知识与逻辑因果关系来审视事物的理性认识能力。

② 尼采：《悲剧的诞生》，见《悲剧的诞生：尼采美学文选》，第 75 页。

音乐乃至悲剧神话造成了灾难性的影响。为了恢复德国艺术的生命力，以重新整顿德意志的民族精神，尼采徜徉于古希腊的艺术世界之中，并诉诸悲剧发生史问题的探求，他发现，酒神精神是解开一切谜题的核心所在。因而，只有向希腊人学习、向希腊的酒神艺术学习，才能让德国精神从酒神根基处再次兴起。事实上，"我们今日称作文化、教育、文明的一切，总有一天要带到公正的法官酒神面前"①，因为现时代那处于忐忑不安地抽搐着的文化生活和教化斗争下面，依旧隐藏着一种关乎酒神的壮丽而健康的古老力量。而瓦格纳疾风狂飙式的音乐及戏剧改革，恰恰让尼采看到了重新唤醒仍沉溺于酣梦之中的酒神精神的可能性。此时的尼采满怀希望地期盼着：只要现代萎靡不振的文化荒漠接触到酒神的魔力，那么，就会有"一阵狂飙席卷了一切衰亡、腐朽、残破、凋零的东西，把它们卷入一股猩红的尘雾，如苍鹰一般把它们带到云霄。……是的，我的朋友，和我一起信仰酒神生活，信仰悲剧的再生吧。苏格拉底式人物的时代已经过去，请你们戴上常春藤花冠，手持酒神杖……现在请大胆做悲剧式人物，因为你们必能得救。"②从淡远的、几近消逝的古老记忆中，酒神狄奥尼索斯突然摇身一变，成为文化凋敝的时代里力挽狂澜的救世主，他以其可畏的强力涤荡了一切衰败腐朽之物。不仅如此，这位神明还消融了与其信徒之间的距离与等级，每个人只要愿意接受狄奥尼索斯的象征之物（即"常春藤花冠"与"酒神杖"），就

① 尼采：《悲剧的诞生》，见《悲剧的诞生：尼采美学文选》，第86页。
② 尼采：《悲剧的诞生》，见《悲剧的诞生：尼采美学文选》，第89页。

能够与其精神导师合而为一，并像他那样神圣而癫狂，从而在大胆地僭越俗世庸常的过程中获得一种更为深刻的悲剧式的世界观。

关于酒神的本质意涵，尼采曾做过一个恰切的总结，他说道："'狄奥尼索斯的'这个词表达的是：一种追求统一的欲望，一种对个人、日常、社会、现实的超越，作为遗忘的深渊，充满激情和痛苦的高涨而进入更晦暗、更丰富、更飘忽的状态之中；一种对生命总体特征的欣喜若狂的肯定，对千变万化中的相同者、相同权力、相同福乐的肯定；伟大的泛神论的同乐和同情，这种同乐和同情甚至赞成和崇敬生命中最可怕和最可疑的特征，其出发点是一种追求生育、丰产和永恒的永恒意志：作为创造与毁灭之必然性的统一感……"[1]换言之，狄奥尼索斯的精神实质就是陶然于狂欢极点的迷醉，是力的过剩、赠予与抛掷，是永恒生命意志的高涨、腾涌与流溢；与此同时，它也是对个体化状态的僭越与遗忘，对自然与太一本体的皈依与信仰，以及对统一体的期盼与召唤。在尼采悲剧观的视阈下，这种酒神的生命强力"不是为了摆脱恐惧和同情，不是为了一种激烈的宣泄来净化某种危险的情绪——此乃亚里士多德的误解——而是为了超越恐惧和同情，成为生成本身的永恒快乐——这种快乐于自身中也包含着毁灭的快乐……"[2]如果说，亚里士多德的"宣泄说"意指的是观众将悲剧唤起的恐

① 尼采：《权力意志》（下卷），孙周兴译，北京：商务印书馆，2007年版，第439—440页。

② 尼采：《瞧，这个人》，孙周兴译，北京：商务印书馆，2016年版，第79页。

惧和同情（或是怜悯）这两种主要情绪作为危及生命的事物而极力加以排解与祛除的话，那么，悲剧中的酒神冲动则使得艺术家、观众乃至演员都将它们作为必须坦然直面的苦痛，从而在经受个体化状态的毁灭中获得另一种隶属于全体的至高快乐。这是酒神精神最令人震撼，也是最发人深省的一面，即通过对痛苦的担负，它从根本上实现了对悲观主义式的否定意志的超越。我们可以想象，在灌满了佳酿的酒神夜宴上，人的灵魂终于卸下了一切疲乏，它开始欢喊狂笑，而"驴子也跳起舞来了"①；每个人都如同狄奥尼索斯那般，在瞥见了死亡、个体的毁灭，以及世界意志那至深至暗的渊薮之后，便化身为醉醺醺的诗人开始吟咏道："痛苦也就是快乐，诅咒也就是一种祝福，黑夜也就是一轮太阳"②。这就是酒神精神的至深奥秘。

————————

① 尼采：《查拉图斯特拉如是说》，钱春绮译，北京：三联书店，2014 年版，第388 页。

② 尼采：《查拉图斯特拉如是说》，钱春绮译，北京：三联书店，2014 年版，第396 页。

第六章 悲剧中的生命意志:日神精神 与酒神精神的张力与融合[①]

从表面上,日神和酒神这两种艺术冲动是相互对立的:日神遵循适度原则,它是美的外观的无数幻觉,是个体化原理的壮丽的神圣形象,属于梦的艺术世界;酒神追求过度原则,象征着一种满溢的生命感和力感,通过个体的毁灭向世界本体回归,并感受着生命不断毁灭与生成形成的快感与喜悦,属于醉的世界。然而实际上,在古希腊悲剧当中,日神和酒神由对立走向合作,日神幻景由酒神冲动所引起,并借助音乐的酒神因素使日神境界达到顶点;酒神及其原始痛苦需要借助日神譬喻的手段来达到具象化,并在外观世界的毁灭中获得满足与实现最高目的。因此,日神与酒神之间既存在张力之处,又有融合之处,它们共同凸显了悲剧中永恒的生命意志。

在《悲剧的诞生》中,尼采强调,虽然人们对于古希腊悲剧起源于歌队的看法存在一致性,但是对歌队的性质仍存在一定的误解,因此他驳斥了两种荒谬的传统见解。一是人们认为歌队因社会政治目的而产生,它代表着与当时的王公贵族势力相抗衡的平民群体,是坚持正义的体现。二是 A.W. 施莱

---

① 本章由许家嫒执笔,肖建华校订。

格尔的见解，认为歌队是观众的典范和精华，即理想的观众的代表："对于完美的、理想的观众，舞台世界不是以审美的方式，而是以亲身经验的方式发生作用"①。第一种看法将政治凌驾于艺术之上，认为政治决定悲剧艺术的诞生，艺术反映的是政治生活，尼采批评这种见解不着悲剧起源问题的边际。第二种看法使人混淆了艺术与现实生活的界限，忽视了艺术的审美功能，因此尼采指出："一个正常的观众，不管是何种人，必定始终知道他所面对的是一件艺术作品，而不是一个经验事实"②。于是在席勒那里，尼采找到了一种有助于理解悲剧歌队的见解。席勒把歌队看作围在悲剧四周的活城墙，悲剧用它把自己同现实世界完全隔绝，替自己保存理想的天地和诗意③。与前两种紧紧围绕政治现实和观众诠释悲剧歌队的观点不同，席勒在这里划清了人们对自然和现实的崇拜的界限，把悲剧视为一个不同于现实世界的诗意天地，这无疑前进了一大步。但是，尼采对席勒的看法仍有所保留，他认为席勒把悲剧的目的局限在替人保存理想的天地和诗意方面是不够的，因为悲剧世界不是一个"在天地间任意想象出来的世界"，它是"一个真实可信的世界，就像奥林匹斯及其神灵对于虔信的希腊人来说是真实可信的一样"④。

实际上，尼采认为希腊悲剧的诞生得益于酒神歌队萨提

---

① 尼采：《悲剧的诞生》，见《悲剧的诞生：尼采美学文选》，第 26 页。
② 尼采：《悲剧的诞生》，见《悲剧的诞生：尼采美学文选》，第 26 页。
③ 尼采：《悲剧的诞生》，见《悲剧的诞生：尼采美学文选》，第 26 页。
④ 尼采：《悲剧的诞生》，见《悲剧的诞生：尼采美学文选》，第 27 页。

儿。对于希腊人来说,萨提儿是人的本真形象,人的最高最强冲动的表达,是因为靠近神灵而兴高采烈的醉心者,是与神灵共患难的难友,是宣告自然至深胸怀中的智慧的先知,是自然界中性的万能力量的象征①。正因为萨提儿更接近那个原始本真的世界,所以它与现实的文明人有着极为不同的区别。现实的文明人沉醉于自己所构造的虚假现实之中,被各种所谓科学、先进的现代文化所浸染,早已褪去了早期萨提儿身上那种酒神的气质,失去了本真特性。相反,萨提儿比现实的文明人更加诚挚、更真实、更完整地摹拟生存,它是酒神气质的人的自我反映②。在尼采看来,萨提儿歌队和观众两者之间不是截然对立的关系,他们都可能成为具有酒神气质的人。萨提儿本是由一群酒神信徒组成,他们结队游荡,纵情狂欢,把自己想象成再造的自然精灵。后来的悲剧歌队便是起源于对这一自然现象的艺术模仿。由于古希腊的剧场上的观众大厅是一个依同心弧升高的阶梯结构,因此置身于其中的观众在欣赏悲剧时会下意识地把自己当作歌队一员。这时,无论是歌队还是观众,他们都因酒神的力量产生幻觉:萨提儿歌队最初是酒神群众的幻觉,就像舞台世界又是这萨提儿歌队的幻觉一样③。也就是说,酒神引起的兴奋具有传染性。原本只有萨提儿能够感应和表现酒神的意志,但是在悲剧艺术中,观众通过萨提儿歌队也一同发生了魔变,并成为酒神的醉心者。

---

① 尼采:《悲剧的诞生》,见《悲剧的诞生:尼采美学文选》,第 29 页。
② 尼采:《悲剧的诞生》,见《悲剧的诞生:尼采美学文选》,第 30—31 页。
③ 尼采:《悲剧的诞生》,见《悲剧的诞生:尼采美学文选》,第 31 页。

按照尼采的看法,悲剧一开始只是一种歌队的合唱形式,即酒神通过萨提儿歌队这个中介来表达自己最强烈的意志力量,因此酒神本身并非真实地在场,而只是被想象为在场。换句话说,在最初的悲剧中,观众只能凭借萨提儿歌队的行为来想象酒神在场。只不过到后来,悲剧才由合唱发展为戏剧,即试图把酒神这位神灵作为真人在悲剧舞台上展现出来,而这个真人便是舞台上戴着面具的演员。接下来可能会出现两种情况。一种情况是,对于观众来说,如果他们只是把演员当作现实生活的普通人,那么他们就永远不可能跟酒神进行灵魂对话,也就无法与原始神灵融为一体,这样的悲剧实际上不能称之为真正意义上的希腊悲剧。另一种情况是,由于萨提儿歌队向观众传达了酒神音乐,因此观众在酒神式兴奋之中产生了日神带来的梦境幻象,把心中魔幻般颤动的整个神灵形象移置到那个戴面具的舞台演员身上,仿佛那个演员就是酒神,酒神就是演员。在某种程度上,这个幻象占据了观众的整个意识,他不再是他自己,而是似乎与酒神融为一体,感受着酒神意志的原始痛苦及其痛苦中带来的无限快感。因此,尼采将希腊悲剧理解为不断重新向一个日神的形象世界迸发的酒神歌队,是酒神认识和酒神作用的日神式的感性化①。根据这一过程,我们能够清晰地看到日神幻景在很大程度上是出酒神音乐所唤起的,酒神冲动成了日神冲动产生的重要前提。

　　无疑,尼采对酒神音乐有着很高的评价,这在很大程度上源于叔本华思想的影响。叔本华认为,音乐不同于其他一切

---

① 尼采:《悲剧的诞生》,见《悲剧的诞生:尼采美学文选》,第32—33页。

艺术，它不是现象的摹本，或者更确切地说，不是意志的相应客体化，而是意志本身的直接写照，所以它体现的不是世界的任何物理性质而是其形而上性质，不是任何现象而是自在之物。因此，可以把世界称作具体化的音乐，正如把它称作具体化的意志一样。因此他强调音乐、现实和概念这三者的关系是，概念是后于事物的普遍性（universalia post rem），音乐提供先于事物的普遍性（universalia ante rem），而现实则是事物之中的普遍性（universalia in rem）。也就是说，在与事物的关系上，音乐不仅比现实具有优先性，而且比概念也有优先性。因为概念只包含原来从直观中抽象出来的形式，犹如从事物剖下的外壳，因而确实是一种抽象；相反，音乐却提供了先于一切形象的至深内核，或者说，事物的心灵①。尼采接受了叔本华对音乐的看法并对其加以发挥，他认为酒神音乐不像造型艺术那样追求美的形式的快感，相反，它是世界的真正理念，戏剧只是这一理念的反光，是它的个别化影象②。因此，无论是形象还是概念，它们对于音乐都是个别与普遍的关系，是音乐的表面写照，都无法穷尽音乐的实质。从这个角度看，酒神音乐是希腊悲剧诞生的推动力，它激发了酒神醉心者的想象力，并促使他们通过日神的幻觉的手段理解酒神状态，进而理解世界的本质。正如尼采曾说过："酒神艺术往往对日神的艺术能力施加双重影响：音乐首先引起对酒神普遍性的譬喻

---

① 尼采：《悲剧的诞生》，见《悲剧的诞生：尼采美学文选》，第 69 页。
② 尼采：《悲剧的诞生》，见《悲剧的诞生：尼采美学文选》，第 94 页。

性直观,然后又使譬喻性形象显示出最深长的意味。"①这里的"譬喻性直观"暗指了日神的力量,值得注意的是日神在这里形成的是对酒神普遍性的直观,而不是像史诗和吟诵诗等造型艺术那样形成对美的外观形式的幻觉。在古希腊悲剧中,正因为日神表达的是对酒神普遍性的譬喻性直观,所以它具有更深长的意味和震撼的力量。

为了进一步说明古希腊悲剧中酒神对日神的重要影响,尼采引进了关于悲剧神话的论述。尼采认为,音乐具有产生神话即最意味深长的例证的能力,尤其是产生悲剧神话的能力。神话在譬喻中谈论酒神认识②。所谓悲剧神话,它其实是日神产生的一种譬喻性直观,只不过这日神表达的是酒神的普遍性。所以悲剧神话中的英雄形象与一般的日神形象又不同。因此尼采说:"悲剧神话具有日神艺术领域那种对于外观和静观的充分快感,同时它又否定这种快感,而从可见的外观世界的毁灭中获得更高的满足。"③换句话说,纯粹的日神艺术肯定了个体化原理,沉浸于外观和静观的快感,然而悲剧神话否定了个体化原理,它主张个体与世界融为一体,在个体的毁灭中感受世界本体的生命意志不断生成之喜悦与快感。关于悲剧神话,尼采又引用了古希腊悲剧神话中两位英雄俄狄浦斯和普罗米修斯的经历加以说明。俄狄浦斯是悲剧家素福克勒斯笔下的人物,作为弑父的凶手、娶母的奸夫和司芬克斯之

---

① 尼采:《悲剧的诞生》,见《悲剧的诞生:尼采美学文选》,第 70 页。
② 尼采:《悲剧的诞生》,见《悲剧的诞生:尼采美学文选》,第 70 页。
③ 尼采:《悲剧的诞生》,见《悲剧的诞生:尼采美学文选》,第 104 页。

谜的破解者，他处处在不经意间破坏了自然的秩序和规则，因此受到自然的惩罚，造成悲惨的结局。尼采将俄狄浦斯破坏自然秩序的行为比拟为酒神的智慧之举，他说："智慧，特别是酒神的智慧，乃是反自然的恶德，谁用知识把自然推向毁灭的深渊，他必身受自然的解体。"①如果我们把自然秩序类比为遵循适度原则和清晰界限的日神精神，同时把俄狄浦斯看作酒神的化身，那么俄狄浦斯反抗自然秩序的行为不正是反映了悲剧中日神和酒神的张力与融合吗？

同样，我们再来看另一位悲剧家埃斯库罗斯笔下的人物普罗米修斯，他用泥造人，为了维护人类的利益敢于得罪众神之王宙斯。宙斯为了报复普罗米修斯，故意让火神不给人类火种。普罗米修斯并没有屈服，而是凭借着自己的智慧寻找别的办法为人类生火，使人类能够自由地支配火，但是为此他受到宙斯的严重惩罚。尼采认为这幕悲剧的基本思想是对亵神行为的真正赞美，同时体现了埃斯库罗斯的深厚正义感：一方面是勇敢的"个人"的无量痛苦，另一方面是神的困境，对于诸神末日的预感，这两个痛苦世界的力量促使和解，达到形而上的统一——这一切最有力地揭示了埃斯库罗斯世界观的核心和主旨，他认为命数是统治着人和神的永恒正义。埃斯库罗斯如此胆大包天，竟然把奥林匹斯神界放在他的正义天秤上去衡量，使我们不能不鲜明地想到，深沉的希腊人在其秘仪中有一种牢不可破的形而上学基础，他们的全部怀疑情绪会

---

① 尼采：《悲剧的诞生》，见《悲剧的诞生：尼采美学文选》，第37页。

对着奥林匹斯突然爆发①。如果把日神看作奥林匹斯之父,把普罗米修斯看作酒神的化身,那么普罗米修斯对奥林匹斯神的反抗行为在某种意义上不正是体现了酒神与日神两股力量之间的碰撞吗?

这样一来,悲剧神话其实是酒神和日神相互斗争和融合的产物。一方面,对于日神来说,一切想象力和日神的梦幻力,唯有凭借神话,才得免于漫无边际的游荡②;另一方面,对于酒神来说,酒神决定着悲剧神话的起源,因此尼采指出酒神冲动及其在痛苦中所感觉的原始快乐,乃是生育音乐和悲剧神话的共同母腹③。当然,悲剧神话实际上仍是一种艺术,只是这种艺术不只是对自然现实的模仿,而是对自然现实的形而上补充,它要达到的是一种形而上的美化目的。由此,对于悲剧神话,尼采不同于亚里士多德,将悲剧神话的目的归为使人感到怜悯、恐惧和宣泄等作用,而是充分强调了悲剧神话应保持作为艺术的纯洁性。

值得注意的是,虽然古希腊悲剧中酒神对日神的影响是显而易见的,但是这不意味着日神可有可无,因为悲剧是日神和酒神共同作用的产物。日神对酒神同样发挥着不可替代的影响。一方面,日神的参与有利于我们更容易通向酒神最深层的本质。正如尼采所言:"索福克勒斯的英雄们的语言因其日神的确定性和明朗性而如此出乎我们的意料,以至于我们

---

① 尼采:《悲剧的诞生》,见《悲剧的诞生:尼采美学文选》,第 38 页。
② 尼采:《悲剧的诞生》,见《悲剧的诞生:尼采美学文选》,第 100 页。
③ 尼采:《悲剧的诞生》,见《悲剧的诞生:尼采美学文选》,第 106 页。

觉得一下子瞥见了他们最深层的本质，不免惊诧通往这一本质的道路竟如此之短。"[1]酒神作为世界最深层的本质存在，它是无法直接被人感知的，就像原始混沌一样。唯有通过日神的确定性和明朗性才使酒神的力量得以向人显现出来。虽然日神的力量极其有限，它只是将酒神的普遍性表达出来，而无法将酒神的整个意志穷尽，但是至少在悲剧中它使人有了靠近和领悟世界本质的可能。另一方面，日神可以缓解酒神的满溢和过度，使人在悲剧中瞥见世界的原始痛苦本质之后不至于陷入悲观主义，对人生充满绝望。相反，我们会把个体的生存与毁灭看作世界之生命意志的一种审美游戏。从希腊舞台上的悲剧形象中，我们可以看到酒神正是一位经历着个体化痛苦的神。尼采指出："一个真实的酒神显现为多种形态，化妆为好像陷入个别意志罗网的战斗英雄。现在，这位出场的神灵像犯着错误、挣扎着、受着苦的个人那样说话行事。一般来说，他以史诗的明确性和清晰性显现，是释梦者日神的功劳，日神用譬喻现象向歌队说明了它的酒神状态。然而，实际上这位英雄就是秘仪所崇奉的受苦的酒神，就是那位亲自经历个体化痛苦的神。"[2]作为审美观众，当我们一同像酒神一样感受着个体化痛苦时，我们也同时感受着酒神使个体生命毁灭而又不断生成的快感。加上悲剧毕竟是一种形而上的艺术，它带有日神的美的形式，酒神的痛苦在日神的参与下会有所缓和。

---

① 尼采：《悲剧的诞生》，见《悲剧的诞生：尼采美学文选》，第 35 页。
② 尼采：《悲剧的诞生》，见《悲剧的诞生：尼采美学文选》，第 41 页。

从古希腊民族的特性来解释希腊悲剧中日神和酒神之间充满张力和融合的现象，有助于我们理解为何日神和酒神两种原本对立的因素可以在悲剧中共存。尼采曾说过："只有从希腊人那里才能懂得，悲剧的这种奇迹般的突然苏醒对于一个民族的内在生活基础意味着什么。这个打响波斯战争的民族是一个悲剧秘仪的民族，在经历这场战争之后，又重新需要悲剧作为不可缺少的复元之药。谁能想象，这个民族许多世代受到酒神灵魔最强烈痉挛的刺激，业已深入骨髓，其后还能同样强烈地流露最单纯的政治情感，最自然的家乡本能，原始的男子战斗乐趣？诚然，凡是酒神冲动如火如荼蔓延之处，总可发现对个体束缚的酒神式摆脱，尤其明显地表现在政治本能日益削弱，直到对政治冷漠乃至敌视。但是，另一方面，建国之神阿波罗又无疑是个体化原理的守护神，没有对于个性的肯定，是不可能有城邦和家乡意识的。"①尼采在这里无疑从现实的希腊人身上去寻找日神和酒神两种本能。一方面，酒神刺激在希腊民族身上是如此强烈，以至于随时会爆发出来，于是便有了战争的爆发；另一方面，希腊人的城邦和家乡意识之所以能够长存，又表明这个民族还是保留了日神主张的"认识你自己"的明确界限意识，即坚守希腊与外族的界限。因此，希腊人仿佛在天性上就兼有日神和酒神两种本能，而作为艺术的希腊悲剧便将希腊人这两种本能淋漓尽致地表达出来。

在希腊悲剧中，我们看到日神力量和酒神力量在相互作

---

① 尼采：《悲剧的诞生》，见《悲剧的诞生：尼采美学文选》，第 89—90 页。

用下达到各自的顶峰。然而尼采认为，随着酒神音乐和悲剧神话的逐渐衰落，以及崇尚理性至上的苏格拉底乐观主义的兴起，真正的希腊悲剧慢慢地走向衰亡。悲剧衰落的第一个迹象是酒神精神的渐渐式微，这可以追溯到索福克勒斯那里。尼采强调，"自索福克勒斯以来，悲剧中的性格描写和心理刻画在不断增加，而一种反对神话的非酒神精神的实际力量在不断增长。……性格不再应该扩展为永恒的典型，相反应该通过人为的细节描写和色调渲染，通过一切线条纤毫毕露，个别地起作用，使观众一般不再感受到神话，而是感受到高度的逼真和艺术家的模仿能力。在这里，我们同样也发现现象对于普遍性的胜利，发现对于几乎是个别解剖标本的喜好，我们业已呼吸到一个理论世界的气息，在那个世界里，科学认识高于对世界法则的艺术反映。"①换句话说，从索福克勒斯开始，艺术家人为的因素渐渐超越酒神精神，企图占领悲剧的核心阵地。尼采认为艺术家高度的逼真和模仿能力都属于现象范围，酒神精神才是世界的普遍性和本质所在。因此，当艺术家越来越专注于悲剧中的性格描写和心理刻画等无关紧要的细枝末节时，他只会离酒神越来越远，也就离世界的本质越来越远。如此一来的结果是追求理性主义的科学理念开始凌驾于形而上的悲剧艺术世界之上。

当然，在悲剧艺术中，这股理论世界气息的彻底蔓延要追寻到悲剧家欧里庇得斯那里。在尼采看来，欧里庇得斯是将苏格拉底乐观主义引入艺术领域中的真正的始作俑者。在欧

---

① 尼采：《悲剧的诞生》，见《悲剧的诞生：尼采美学文选》，第 75—76 页。

里庇得斯之前,希腊悲剧通过日神和酒神的显现来追问人生的意义,即考察人生的形而上层面。但是在欧里庇得斯之后,悲剧的面貌开始改观,它不再去追寻人生和世界的本质,而是把目光局限于具体的现实生活。从表现内容来看,欧里庇得斯的舞台主角不再是以前悲剧神话中频繁出现的英雄和神,而是把观众这类平民搬上了舞台,同时极力渲染日常生活的细节,由此取消了悲剧原有的神圣性。由于他更关注平民的现实生活,因此其创作的一切艺术手段不再是为了揭示酒神的普遍性而服务的。另外,尼采特别地批评了欧里庇得斯在开场白中说明剧情的来龙去脉的做法。在以前的悲剧中,观众只能根据剧情中人物的行为及其变化进行积极思考,并亲自揭开一环扣一环的悬念,以此感受强烈的悲剧效果。然而,欧里庇得斯为了让观众把注意力集中在他所描写的重大的修辞抒情场面和主角激情等方面,直接在开场白中向观众透露了情节的内容。为此,尼采指出:"欧里庇得斯的戏剧是一种又冷又烫的东西,既可冻结又可燃烧。它一方面尽其所能地摆脱酒神因素,另一方面又无能达到史诗的日神效果。因此,现在为了一般能产生效果,就需要新的刺激手段,这种手段现在不再属于两种仅有的艺术冲动即日神冲动和酒神冲动的范围。它即是冷漠悖理的思考(取代日神的直观)和炽烈的情感(取代酒神的兴奋),而且是维妙维肖地伪造出来的、绝对不能进入艺术氛围的思想和情感。"[1]在尼采看来,欧里庇得斯的创作原则实际上是一种审美苏格拉底主义,即"理解然后美",正

---

① 尼采:《悲剧的诞生》,见《悲剧的诞生:尼采美学文选》,第51—52页。

好与苏格拉底的"知识即美德"彼此呼应。欧里庇得斯手持这一教规,衡量戏剧的每种成分——语言,性格,戏剧结构,歌队音乐;又按照这个原则来订正它们。但是他要把戏剧独独建立在日神基础之上是完全不成功的,他的非酒神倾向反而迷失为自然主义的非艺术的倾向[1]。这种非艺术的倾向其实就是一种科学主义或理性主义倾向,它与纯粹审美的艺术领域相违背,更与原来希腊悲剧中永恒的生命意志相违背。

由苏格拉底开启、欧里庇得斯借之扩展到艺术领域的这股崇尚理性主义的科学之风持续蔓延,推动了新阿提卡颂歌的诞生。新阿提卡颂歌把音乐变成现实的摹拟肖像,剥夺了音乐创造神话的能力。它规规矩矩地以科学精神为向导,不再像以前希腊悲剧中的酒神音乐那样表现世界的内在本质和意志,而是以概念为中介对现象进行模仿,比如它摹拟战役当中军队行进的嘈杂声和军号声等。尼采指出,新阿提卡颂歌其实是一种音响图画,它迫使音乐为现实作出图解,因此音乐变成了现象的粗劣摹本,远比现象本身贫乏[2]。这里隐含了尼采对世界的本质、艺术和现象三者之间的态度。他认为,相比现象,酒神音乐这样的艺术能够更加清楚地、真实地和客观地反映世界的本质及普遍性。尼采与柏拉图的看法不同,柏拉图认为事物的理念才是世界的本质的反映,现象次之,艺术排在末尾。然而尼采是这样评价柏拉图的:"柏拉图对古老艺术的主要指责——说它是对假象的模仿,因而属于一个比经验

---

① 尼采:《悲剧的诞生》,见《悲剧的诞生:尼采美学文选》,第 52 页。

② 尼采:《悲剧的诞生》,见《悲剧的诞生:尼采美学文选》,第 74 页。

世界更低级的领域——尤其不可被人用以反对这种新艺术作品，所以我们看到，柏拉图努力超越现实，而去描述作为那种伪现实之基础的理念。然而，思想家柏拉图借此迂回曲折地走到一个地方，恰好是他作为诗人始终视为家园的那个地方，也是索福克勒斯以及全部古老艺术庄严抗议他的责难时立足的那个地方。如果说悲剧吸收了一切早期艺术种类于自身，那么，这一点在特殊意义上也适用于柏拉图的对话，它通过混合一切既有风格和形式而产生，游移在叙事、抒情与戏剧之间，散文与诗歌之间，从而也打破了统一语言形式的严格的古老法则。"①可见，尼采一方面对柏拉图超越现实的路径持有不同的看法，尼采认为我们应该从艺术的源头古希腊悲剧那里寻找解决问题的资源，但是柏拉图认为只有通过舍弃悲剧艺术而诉诸理念才有可能更接近真理，另一方面尼采又肯定了柏拉图哲学观中超越现实的倾向，并指出了柏拉图在理论与实践上的差异，强调柏拉图的对话中恰恰遗留了艺术的影子。

回到新阿提卡颂歌，尼采批评这类音乐是对现象的模仿，甚至比现象还贫乏，实际上有点类似于柏拉图对古老艺术的指责，认为它是对假象的模仿，因而属于一个比经验世界更低级的领域。也许在尼采看来，把古老艺术一词换成非酒神精神的新阿提卡颂歌会更加符合他的意思。我们由此也可以看出，尼采对音乐艺术的态度不是笼统的，他更推崇的是反映世界的本质与意志的酒神音乐，比如希腊悲剧中的音乐，对于那种追求音响画面的非酒神音乐是持批判的态度的。在尼采看

① 尼采：《悲剧的诞生》，见《悲剧的诞生：尼采美学文选》，第59页。

来,新阿提卡颂歌最为致命的因素在于驱逐了悲剧音乐带来的神话心境,而这正是酒神所带来的力量。用尼采的话来总结便是:"如果音乐只是迫使我们去寻找人生和自然的一个事件与音乐的某种节奏形态或特定音响之间的表面相似之处,试图借此来唤起我们的快感,如果我们的理智必须满足于认识这种相似之处,那么,我们就陷入了无法感受神话的心境。因为神话想要作为一个个别例证,使那指向无限的普遍性和真理可以被直观地感受到,真正的酒神音乐犹如世界意志的这样一面普遍镜子置于我们之前,每个直观事件折射在镜中,我们感到它立即扩展成了永恒真理的映象。"①

除了欧里庇得斯的戏剧和新阿提卡颂歌之外,高举审美苏格拉底主义大旗的艺术还包括后来兴起的歌剧文化。尼采认为:"歌剧和现代亚历山德里亚(即亚历山大里亚)文化是建立在同一原则上面的。歌剧是理论家、外行批评家的产儿,而不是艺术家的产儿。"②一方面,歌剧当中音乐被配上歌词,歌词成为凌驾于音乐之上的主人。由于歌词往往为了迎合听众的趣味和展现歌手的歌喉特点所作,因此这样的音乐已经全然不同于希腊悲剧中诉诸酒神普遍性的音乐。尼采批评歌剧音乐中的歌手更像在使用一种吟诵调,即与其说他在唱歌,不如说是在说话,还用半歌唱来强化词的感情色彩③。在尼采看来,"慷慨激昂的半唱的说话与作为抒情调之特色的全唱的感

① 尼采:《悲剧的诞生》,见《悲剧的诞生:尼采美学文选》,第73—74页。
② 尼采:《悲剧的诞生》,见《悲剧的诞生:尼采美学文选》,第82页。
③ 尼采:《悲剧的诞生》,见《悲剧的诞生:尼采美学文选》,第80页。

叹互相交替,时而诉诸听众的理解和想象,时而诉诸听众的音乐本能,如此迅速变换,劳神费力,是完全不自然的,同样也是与酒神和日神的艺术冲动根本抵触的"。① 因此,他把歌剧的吟诵调看作史诗朗诵和抒情朗诵的外在混合。另一方面,歌剧里的牧歌倾向是人类幻想出来的游戏,它与现代亚历山德里亚文化一样推崇乐天精神,不去追问世界的本质和人生的意义等此类严肃的问题。尼采一针见血地指出了歌剧艺术家在艺术上的无能表现:"由于他不能领悟音乐的酒神深度,他的音乐趣味就转变成了抒情调中理智所支配的渲染激情的绮声曼语,和对唱歌技巧的嗜好。由于他没有能力看见幻象,他就强迫机械师和布景画家为他效劳。由于他不能把握艺术家的真正特性,他就按照自己的趣味幻想出'艺术型的原始人',即那种一激动就唱歌和说着韵文的人。他梦想自己生活在一个激情足以产生歌与诗的时代,仿佛激情真的创造过什么艺术品似的。歌剧的前提是关于艺术过程的一种错误信念,而且是那种牧歌式信念,以为每个感受着的人事实上就是艺术家。就这种信念而言,歌剧是艺术中外行趣味的表现,这种趣味带着理论家那种打哈哈的乐观主义向艺术发号施令。"②所谓歌剧的牧歌式倾向,指的是人类幻想自己在原始时代与自然的心灵非常接近,并且在这自然状态中同时达到了人类的理想,享受着天伦之乐和艺术生活③。尼采批评这种牧歌倾向

① 尼采:《悲剧的诞生》,见《悲剧的诞生:尼采美学文选》,第81页。
② 尼采:《悲剧的诞生》,见《悲剧的诞生:尼采美学文选》,第82—83页。
③ 尼采:《悲剧的诞生》,见《悲剧的诞生:尼采美学文选》,第83页。

其实是一种假象的现实，是幻想的无畏游戏，因为真实自然和原始人类的面目是严肃而可怕的。简而言之，歌剧以人为创作的抒情调取代了酒神音乐，同时以幻想出来的"艺术型的原始人"幻象取代日神的外观，恰恰反映了一种人类中心主义的倾向，并且违背了艺术拯救人生的初衷。

综观受苏格拉底乐观主义深刻影响的戏剧和歌剧，尼采的批评态度是非常明显的，即这类艺术在根本上是跟日神和酒神共同作用下的古希腊悲剧精神格格不入的。因为古希腊悲剧中日神和酒神之间的张力与融合揭示了生命意志的真谛在于肯定生命的欢乐与痛苦，而苏格拉底主义乃至后来的基督教走的是否定生命的道路。在《偶像的黄昏》中，尼采补充了他对生命意志的内涵的看法："只有在酒神秘仪中，在酒神状态的心理中，希腊人本能的根本事实——他们的'生命意志'——才获得了表达。希腊人用这种秘仪担保什么？永恒的生命，生命的永恒回归；被允诺和贡献在过去之中的未来；超越于死亡和变化之上的胜利的生命之肯定；真正的生命即通过生殖、通过性的神秘而延续的总体生命。"[①]尽管作为个体的生命有生有灭，但是作为世界本体的那个生命意志是永恒的，它不以人的主观意志为转移。在世界的生命意志之中，每一次生命的毁灭均孕育着下一次生命的回归，这样一来，个体死亡的痛苦自然而然地让位于生命永恒回归之喜悦。用尼采的话来说，生命意志是"对生命的肯定，甚至对它最奇妙、最困

---

① 尼采：《偶像的黄昏：或怎样用锤子从事哲学思考》，周国平译，北京：北京十月文艺出版社，2019年版，第207页。

难问题的肯定;在其致力于追求最高形态的过程中,对生命力无穷无尽而感到欢欣的生命意志"。[1] 相反,苏格拉底的"理性=美德=幸福"公式使人不断地陷入对现象领域内科学知识的狂热求知欲之中,一旦人的欲求和现实有差距,即无法得到满足,痛苦就会产生,并且越积越多,最终对整个人生和生命充满仇视和绝望之情。基督教也一样,它向人们鼓吹禁欲理念,到处扼杀人的本能和欲望。这些都是反酒神精神的体现。在尼采看来,"必须克服本能"——这是颓废的公式。只要生命在上升,幸福便与本能相等[2]。换句话说,只要生命在上升,幸福也就离不开两大艺术本能之神——日神和酒神。

受叔本华思想的影响,尼采同样认为人既活在作为表象的世界,又活在作为意志的世界。尽管意志才是世界最内在的本质,但是尼采认为人无法逃避表象世界。于是在《悲剧的诞生》中,他举例说明了人在面对幻象的三种表现:"贪婪的意志总是能找到一种手段,凭借笼罩万物的幻象,把它的造物拘留在人生中,迫使他们生存下去。一种人被苏格拉底式的求知欲束缚住,妄想知识可以治愈生存的永恒创伤;另一种人被眼前飘展的诱人的艺术美之幻幕包围住;第三种人求助于形而上的慰藉,相信永恒生命在现象的旋涡下川流不息,他们借此对意志随时准备好的更普遍甚全更有力的幻象保持沉默。

---

① 尼采:《尼采自传:瞧! 这个人》,刘崎译,北京:台海出版社,2017年版,第68页。

② 尼采:《偶像的黄昏:或怎样用锤子从事哲学思考》,周国平译,北京:北京十月文艺出版社,2019年版,第83页。

一般来说,幻象的这三个等级只属于天赋较高的人,他们怀着深深的厌恶感觉到生存的重负,于是挑选一种兴奋剂来使自己忘掉这厌恶。我们所谓文化的一切,就是由这些兴奋剂组成的。按照调配的比例,就主要地是苏格拉底文化,或艺术文化,或悲剧文化。"[①]在这三种文化中,只有悲剧文化更贴近世界的生命意志,使人拨开幻象的云雾,并感受到世界的本质所在。因此面对悲剧文化的没落,悲剧之重生迫在眉睫。从起初把悲剧重生的希望寄托在德国音乐,尤其是艺术家瓦格纳身上,到渐渐地与瓦格纳的音乐之路分道扬镳,尼采渴望的悲剧回归之路注定充满曲折。但是,这样一个勇气可嘉的伟人,毕竟为仍在漫长的黑夜中赶路的后人点亮了一道及时而重要的微光。

[①]　尼采:《悲剧的诞生》,见《悲剧的诞生:尼采美学文选》,第76页。

第七章　通向一种知觉现象学美学

由于受到海德格尔对尼采解读的影响,后世学者从存在论或存在主义角度解读尼采的很多,甚至把尼采的著作奉为存在主义的源头,比如我就看到有人把尼采的《查拉图斯特拉如是说》、海德格尔的《存在与时间》、萨特的《存在与虚无》奉为"存在主义三部曲",美国著名哲学家罗伯特·C.所罗门就探讨了尼采哲学中的"存在主义"思想[①],等等。

从现象学角度研究尼采或者挖掘尼采思想中的现象学内涵的研究也不时能见到。比如孙周兴先生在一篇文章中就研究了"尼采中期和晚期哲学的现象学倾向",认为"尼采在哲学批判、意识分析、个体言说等方面的思想努力,足以构成一种'尼采现象学'"[②]。吴增定先生认为,由于"尼采哲学同现象学一样抛弃了现象与本体或'物自身'的形而上学的二元对立,肯定了现象是唯一的实在,并认为现象就是权力意志","尼采认为权力意志是具有赋予和创造意义的'意向性'特征","尼

---

① 罗伯特·C.所罗门:《与尼采一起生活:伟大的"非道德主义者"对我们的教诲》,郝苑译,北京:三联书店,2018年版,第341页。

② 孙周兴:《尼采的科学批判——兼论尼采的现象学》,载《世界哲学》2016年第2期。

采还承认权力意志的意义赋予或创造具有时间性的视角特征",所以"尼采哲学可以被看成是一种现象学"①。在国外,关于尼采与现象学方面的研究更是不少,光我经眼的就有 Lodie Boublil、Christine Daigle 和 Elodie Boublil 等人主编的《尼采与现象学》②一书,Ammar Zeifa 写的《尼采与现象学的未来》③一文,Lars Petter Storm Torjussen 写的《尼采是一位现象学家吗? ——朝向一种尼采式的身体现象学》④一文,George J. Stack 写的《尼采和价值现象学》⑤一文,等等。萨弗兰斯基在其《尼采思想传记》中认为雅斯贝尔斯、海德格尔把"一个'另样的',一个非意识形态的尼采搬上舞台,沿着他的足迹,发展能够打破意识形态的框架,或至少不受他限制的思想"⑥,这句话其实也蕴含着后来的思想家们从尼采思想中发展出了一种现象学的维度的意思。

① 吴增定:《从现象学到谱系学——尼采哲学的两重面向》,载《哲学研究》2017 年第 9 期。

② Lodie Boublil, Christine Daigle, Elodie Boublil(ed.), *Nietzsche and Phenomenology：Power，Life，Subjectivity*, Indiana University Press, 2013.

③ Ammar Zeifa, "Nietzsche and the Future of Phenomenology", A.-T. Tymieniecka(ed.), *Analecta Husserliana* CVIII, pp.571－609.

④ Lars Petter Storm Torjussen, "Is Nietzsche a phenomenologist? —Towards a Nietzschean Phenomenology of the Body", A.-T. Tymieniecka (ed.), *Analecta Husserliana* CIII, pp.179－189.

⑤ George J. Stack, "Nietzsche and the Phenomenology of Value", *Pacific Philosophical Quarterly* 49 (1):78 (1968).

⑥ 萨弗兰斯基:《尼采思想传记》,卫茂平译,上海:华东师范大学出版社,2007 年版,第 400 页。

在此，我仍然还是基于现象学的思路，把尼采的美学定位为一种"知觉现象学美学"，此所谓尼采式的知觉现象学美学，自然还是我前面论述过的尼采"未来的后形而上学生命主义的美学"的一个组成部分，在此结语中，我为了让大家对尼采的未来美学思想的丰富性和复杂性有一个更加全面的认识，特意把尼采美学的这个特点或内涵再单独提出来，并尝试作一番系统论证。

众所周知，"知觉现象学"一词总是与法国现象学家梅洛-庞蒂紧密相连，梅洛-庞蒂的知觉现象学其实也就是一种身体现象学，它的提出所批判的主要对象当然就是传统的意识哲学（笛卡尔式的"我思"）："知觉不是关于世界的科学，甚至不是一种行为，不是有意识采取的立场，知觉是一切行为得以展开的基础，是行为的前提。世界不是我掌握其构成规律的客体，世界是自然环境，我的一切想象和我的一切鲜明知觉的场。真理不仅仅'寓于内在的人'，确切地说，没有内在的人（指唯心主义的局限于自我意识——引者），人在世界上存在，人只有在世界上才能认识自己。当我根据常识的独断论或科学的独断论重返自我时，我找到的不是内在真理的源头，而是投身于世界的一个主体。"[①]这里所谓的"不是有意识采取的立场""没有内在的人"，就是在反对传统观念主义（或唯心主义）哲学紧守于观念意识的内部来认识问题的做法。梅洛-庞蒂的知觉现象学主要有三个基本观点：一是身心一体，身体的知

① 梅洛-庞蒂：《知觉现象学》，姜志辉译，北京：商务印书馆，2005年版，第5—6页。

觉和对物的意识之间是完整不可分的:"问题……在于阐明我们关于'实在事物'的最初知识,描述作为永远是我们的真理观念基础的关于世界的知觉,因此,不应该问我们是否真正感知一个世界,而应该说:世界就是我们感知的东西。"①二是身体和世界之间是一个完整的不可分的整体:"世界不是我所思的东西,我向世界开放,我不容置疑地与世界建立联系,但我不拥有世界,世界是取之不尽的。"②"身体本身在世界中,就像心脏在机体中:身体不断地使可见的景象保持活力,内在地赋予它生命和供给它养料,与之一起形成一个系统。"③三是不同的身体知觉也即人和人之间构成一个有机的主体间性关系:"现象学的世界不属于纯粹的存在,而是通过我的体验的相互作用,通过我的体验和他人的体验的相互作用,通过体验对体验的相互作用显现的意义"④,"成为一个意识,更确切地说,成为一个体验,就是内在地与世界、身体与他人建立联系,和它们在一起,而不是在它们的旁边。"⑤

---

① 梅洛-庞蒂:《知觉现象学》,姜志辉译,北京:商务印书馆,2005年版,第12页。

② 梅洛-庞蒂:《知觉现象学》,姜志辉译,北京:商务印书馆,2005年版,第13页。

③ 梅洛-庞蒂:《知觉现象学》,姜志辉译,北京:商务印书馆,2005年版,第262页。

④ 梅洛-庞蒂:《知觉现象学》,姜志辉译,北京:商务印书馆,2005年版,第17页。

⑤ 梅洛-庞蒂:《知觉现象学》,姜志辉译,北京:商务印书馆,2005年版,第134页。

在尼采的著作中,自然不可能直接出现"知觉现象学"之类的概念,但我们这里启用这个概念来讨论尼采的美学,应该也不是完全无的放矢,因为尼采强调酒神的沉醉、狂欢、痛苦,彰显一种本能、欲望、冲动、精力、生理、生殖、生命力,这些东西的的确确是在凸显身体知觉的作用,激活人的知觉的敏感,用尼采自己的话来说,就是以此来反对生命的退化和麻木。当然,尼采的知觉现象学思想肯定不可能跟梅洛-庞蒂的知觉现象学完全一致,但尼采在凸显身体知觉、张扬人的生命感觉的时候,也有类似梅洛-庞蒂的现象学的特点,比如尼采哲学和美学中也有身体与生命感觉的合一(身心同一)、身体与作为世界本体的生命意志的合一(身体与世界同一)、在酒神狂欢中人和人之间的合一(如所谓"在酒神的魔力之下,不但人与人重新团结了,而且疏远、敌对、被奴役的大自然也重新庆祝她同她的浪子人类和解的节日"[①])等等的思想。尼采既彰显身体知觉在人类活动中之作用,又潜藏着跟现象学相类似的思想倾向,如此,称呼其哲学和美学乃是一种"知觉现象学"也就是顺理成章的了,当然这种知觉现象学又还是尼采式的。下面我们分别从《悲剧的诞生》中涉及的"醉感""乐感和痛感""听觉""视觉"等四个方面来展开论述。

(一)醉感现象学美学

《悲剧的诞生》中,最核心的当然是对酒神精神的论述,因

---

① 尼采:《悲剧的诞生》,见《悲剧的诞生:尼采美学文选》,第6页。

为这要导向其体现酒神精神的音乐、抒情诗、悲剧等的论述。

　　周国平先生正确地总结道:"酒神象征情绪的放纵。……酒神的象征来自希腊酒神祭,在此种秘仪上,人们打破一切禁忌,狂饮烂醉,放纵性欲。"①酒神的本质就是"醉",是"如醉似狂"②,"如醉如狂"③。喝醉了酒的时候往往是激情高涨、浑然忘我的时候,表现为情绪激动、生命充盈。"醉"最常见的当然是"酒醉",但当然并不仅仅如此,它的形式有多种多样:"首先是性冲动的醉,醉的这最古老最原始的形式;同时还有一切巨大欲望、一切强烈情绪所造成的醉;节庆、竞赛、绝技、凯旋和一切激烈运动的醉;酷虐的醉;破坏的醉;某种天气影响所造成的醉,例如春天的醉;或者因麻醉剂的作用而造成的醉;最后,意志的醉,一种积聚的、高涨的意志的醉。"④在《悲剧的诞生》中,尼采之所以能由酒神之"醉"转入对人类在悲剧审美中,突破个体化原则,而融入作为世界本体的生命意志的合一,其实也就是说我们在与生命意志合一的时候,就已经是一种"醉"了:"整个大自然的艺术能力,以太一的极乐满足为鹄的,在这里透过醉的颤栗显示出来了。"⑤人与宇宙太一的合一,就是一种"醉的颤栗",也是酒神精神之表现。人为何需要"醉"? 因为"醉释放姿态、激情、歌咏、舞蹈的强力"。⑥ "醉"能

① 尼采:《悲剧的诞生:尼采美学文选》,译序,第2—3页。

② 尼采:《悲剧的诞生》,见《悲剧的诞生:尼采美学文选》,第23页。

③ 尼采:《悲剧的诞生》,见《悲剧的诞生:尼采美学文选》,第17页。

④ 尼采:《偶像的黄昏》(节译),见《悲剧的诞生:尼采美学文选》,第319页。

⑤ 尼采:《悲剧的诞生》,见《悲剧的诞生:尼采美学文选》,第6页。

⑥ 尼采:《作为艺术的强力意志》,见《悲剧的诞生:尼采美学文选》,第349页。

"提高整个机体的敏感性"①,"醉的本质是力的提高和充溢之感。出自这种感觉,人施惠于万物,强迫万物向己索取,强奸万物,——这个过程被称做理想化。"②

在《悲剧的诞生》中,尼采倾向于把酒神的状态称为"醉",把日神的状态称为"梦",但到了后期的《偶像的黄昏》中,他把日神状态和酒神状态看作是"醉"的不同类型:"日神的醉首先使眼睛激动,于是眼睛获得了幻觉能力。画家、雕塑家、史诗诗人是卓越的(par excellence)幻觉家。在酒神状态中,却是整个情绪系统激动亢奋,于是情绪系统一下子调动了它的全部表现手段和扮演、模仿、变容、变化的能力,所有各种表情和做戏本领一齐动员。"③也就是说,日神状态同样也是一种"醉"的形式,如果说酒神状态是沉醉的话,那么日神状态就是幻醉,之所以如此,是因为无论日神状态还是酒神状态中都体现了人的"性欲和情欲"④,而性欲和情欲正是醉的状态中最容易释放或者性欲和情欲最容易让人迷醉的形式。酒神精神和日神精神之所以在悲剧中能够融合,从这一点也是可以得到解释的。

但无论如何,在尼采的主流表述中,"醉"还是酒神的本质,在古希腊,"或者由于所有原始人群和民族的颂诗里都说到的那种麻醉饮料的威力,或者在春日熠熠照临万物欣欣向

① 尼采:《偶像的黄昏》(节译),见《悲剧的诞生:尼采美学文选》,第319页。
② 尼采:《偶像的黄昏》(节译),见《悲剧的诞生:尼采美学文选》,第319页。
③ 尼采:《偶像的黄昏》(节译),见《悲剧的诞生:尼采美学文选》,第320页。
④ 尼采:《作为艺术的强力意志》,见《悲剧的诞生:尼采美学文选》,第349页。

荣的季节,酒神的激情就苏醒了","受酒神的同一强力驱使,人们汇集成群,结成歌队,载歌载舞,巡游各地"[1]。于是,酒神艺术的代表音乐和舞蹈就这样诞生了。在尼采的论述中,悲剧的本质也是一种酒神精神,也就是说,仍然是一种"醉"的状态和形式,当然,悲剧中由于还融合了日神精神,拥有日神的美观的外表和形式,所以它一方面能展现人的生命激情,一方面又能给人以审美的愉悦:"悲剧的本质只能被解释为酒神状态的显露和形象化,音乐的象征表现,酒神陶醉的梦境。"[2]悲剧最核心的本质是通过悲剧主角的毁灭来融入作为生命意志本体的宇宙世界,也就是说通过一种对于生命意志本体的沉醉以对抗现实的痛苦,这其实也就是我们之所以需要"醉境",需要悲剧,需要酒神艺术的原因了:"肯定生命,哪怕是在它最异样最艰难的问题上;生命意志在其最高类型的牺牲中,为自身的不可穷竭而欢欣鼓舞——我称这为酒神精神","为了成为生成之永恒喜悦本身——这种喜悦在自身中也包含着毁灭的喜悦……我借此又回到了我一开始出发的地方——《悲剧的诞生》是我的第一个一切价值的重估"[3]。《悲剧的诞生》通过对"醉"及其艺术形式代表的描述,是彰显了一种强大的生命意志,以抵抗和消解现实生活中的颓废主义、悲观主义,这正是尼采早期所实行的对"一切价值的重估",既重估和贬损

---

① 尼采:《悲剧的诞生》,见《悲剧的诞生:尼采美学文选》,第 5 页。

② 尼采:《悲剧的诞生》,见《悲剧的诞生:尼采美学文选》,第 61 页。

③ 尼采:《偶像的黄昏》(节译),见《悲剧的诞生:尼采美学文选》,第 334—335 页。

传统的虚无主义的价值观，同时又张扬一种生命主义的价值观。

众所周知，"美学"（aesthetics）的原初含义即感性学，它当然跟人的知觉有关，据说该词最早可追溯到古希腊的aisthesis 一词，aisthesis 即感觉、感知的意思。在尼采的笔下，"醉"并不是麻痹，丧失知觉，恰恰相反，它是"一种满溢的生命感和力量感，在其中连痛苦也起着兴奋剂（Stimulans）的作用"[①]，它是"丰盛乃至满溢的希腊本能"[②]，"它是生命的最强大动力"[③]，就是"兽性快感和渴求的细腻神韵相混合，就是美学的状态。后者只出现在有能力使肉体的全部生命力具有丰盈的出让性和漫溢性的那些天性身上；生命力始终是第一推动力"。[④] 酒神精神及其艺术形式以一种如醉如痴的状态出现，它通过激发人内在最深沉的激情和伟力去蔑视、压制、超越黑暗苦难，让人超脱或看破人生的虚幻，让人去与宇宙天地合一，去与生命意志同体。它意在恢复人的最原初、最本能的感性知觉，恢复人对世界的艺术感觉，由此角度来说，它就是审美的，由此而去建构一种所谓的"醉感现象学美学"和"知觉现象学美学"也就是可能的。

---

① 尼采：《偶像的黄昏》（节译），见《悲剧的诞生：尼采美学文选》，第 334 页。

② 尼采：《偶像的黄昏》（节译），见《悲剧的诞生：尼采美学文选》，第 332 页。

③ 尼采：《作为艺术的强力意志》，见《悲剧的诞生：尼采美学文选》，第 356 页。

④ 尼采：《权力意志——重估一切价值的尝试》，张念东、凌素心译，北京：商务印书馆，1998 年版，第 253 页。

（二）乐感现象学美学和痛感现象学美学

在尼采的论述中，乐感和痛感的关系比较复杂，如果光就单纯的日神艺术而言，它给人的就只有乐感，但如果涉及到悲剧艺术，由于它融合了日神精神和酒神精神，所以其既能给人带来痛感，又能给人带来乐感，但最终还是一种充满喜悦、欢欣的乐感。

在前面，我们从感性生命论美学的角度论述过尼采的乐感美学，这里再尝试从现象学的角度作一简要论述，以作为对前面论述的一个补充。

一讲到"乐感"或"快乐""喜悦"，在《悲剧的诞生》中，往往与日神精神有关，因为日神是造型力量之神，它代表美丽的形式和外观，它可以给人一种幻象的满足，带来审美的愉悦："日神，作为一切造型力量之神，同时是预言之神。按照其语源，他是'发光者'，是光明之神，也支配着内心幻想世界的美丽外观。这更高的真理，与难以把握的日常现实相对立的这些状态的完美性，以及对在睡梦中起恢复和帮助作用的自然的深刻领悟，都既是预言能力的、一般而言又是艺术的象征性相似物，靠了它们，人生才成为可能并值得一过。……他的眼睛按照其来源必须是'炯如太阳'；即使当它愤激和怒视时，仍然保持着美丽光辉的尊严。……关于日神的确可以说，在他身上，对于这一原理的坚定信心，藏身其中者的平静安坐精神，得到了最庄严的表达，而日神本身理应被看作个体化原理的壮丽的神圣形象，他的表情和目光向我们表明了'外观'的全部喜悦、智慧及其美丽。"①作为"发光者"（der Scheinende）的日神有着美丽的外观和光辉（der Schein），这奠定了审美愉悦的基础，而作为审美欣赏者，则只需要对其作一种静观即可，这种"梦的静观有一种深沉内在的快乐"，而"为了能够带着静观的这种快乐做梦，就必须完全忘掉白昼及其烦人的纠缠"。② 也就是说，这种愉悦是三重的，一重是日神精神及日神艺术的梦幻性质带来的，一重是对其作静观带来的，一重是静观之前的审美态度的准备也即遗忘日常生活中烦人的事的纠缠带来的。

除了日神精神和日神艺术能给人带来快乐，尼采在讨论酒神精神和酒神艺术的时候，同样也发现了其中的快乐，不过这种快乐和日神艺术光靠美丽的外观形式给人的"快乐"并不是同一种"快乐"，或者说，不是同一层次的那种"快乐"。

酒神精神和酒神艺术带给人的快乐，往往与痛苦相连，因为在比如悲剧艺术中，往往会存在有英雄主角的死亡，从而给人带来痛苦。"悲剧端坐在这洋溢的生命、痛苦和快乐之中，在庄严的欢欣之中，谛听一支遥远的忧郁的歌，它歌唱着万有之母，她们的名字是：幻觉，意志，痛苦。"③对其中的"痛苦"我们暂且先不讨论，而只讨论其所带给人的快乐。

酒神的本质是"醉"，受到酒神的驱使的人们，激情高涨，

---

① 尼采：《悲剧的诞生》，见《悲剧的诞生：尼采美学文选》，第4—5页。

② 尼采：《悲剧的诞生》，见《悲剧的诞生：尼采美学文选》，第13页。

③ 尼采：《悲剧的诞生》，见《悲剧的诞生：尼采美学文选》，第89页。

"人们汇集成群,结成歌队,载歌载舞,巡游各地"[①],"一个人若把贝多芬的《欢乐颂》化作一幅图画,并且让想象力继续凝想着数百万人颤慄着倒在灰尘里的情景,他就差不多能体会到酒神状态了。"[②]这种状态当然就是一种尼采所谓的欢欣、欢乐、载歌载舞的状态了。

对于悲剧所生的快感,尼采用"个体毁灭所生的快感"来概括之:"只有从音乐精神出发,我们才能理解对于个体毁灭所生的快感。因为通过个体毁灭的单个事例,我们只是领悟了酒神艺术的永恒现象,这种艺术表现了那似乎隐藏在个体化原理背后的全能的意志,那在一切现象之彼岸的历万劫而长存的永恒生命。对于悲剧性所生的形而上快感,乃是本能的无意识的酒神智慧向形象世界的一种移置。悲剧主角,这意志的最高现象,为了我们的快感而遭否定,因为他毕竟只是现象,他的毁灭丝毫无损于意志的永恒生命。悲剧如此疾呼:'我们信仰永恒生命。'音乐便是这永恒生命的直接理念。"[③]这段话说得足够明白了,悲剧中的痛苦只是个体毁灭的痛苦,但个体毁灭的痛苦却无损于生命意志本身,恰恰相反,它以悲剧英雄个体的死亡来成就和见证了生命意志的伟大,这其实正是悲剧精神的精髓,个体化原理崩溃而融于天地大通,在此过程中,彰显了作为世界本体的生命意志本身的尊严,一切只不过都是生命意志的嬉戏和舞蹈罢了,无论个体的快乐或痛苦,

① 尼采:《悲剧的诞生》,见《悲剧的诞生:尼采美学文选》,第5页。
② 尼采:《悲剧的诞生》,见《悲剧的诞生:尼采美学文选》,第6页。
③ 尼采:《悲剧的诞生》,见《悲剧的诞生:尼采美学文选》,第70—71页。

生存或毁灭，无不受其支配，在这巨大的代表宇宙万物的生命意志面前，人算得上什么呢？人要做的只是成为它的见证，分享生命意志自身嬉戏的快乐，即使我们毁灭了、死掉了，我们也因能够参与和见证这生命意志本身的快乐而具有无上的荣耀，就是死我们也应该是含着笑的。所以，尼采在《悲剧的诞生》中也把生命意志本身的这种快乐称作"原始快乐"，这其实是一种本体论的快乐，一种形而上的快乐或一种快乐的形而上学。对于悲剧艺术中的这种快乐主要应从如上的形而上的角度来理解，即这种快乐是一种生命意志本身的自由嬉戏的快乐，是"在太一怀抱中的最高的原始艺术快乐"①，也即与宇宙太一也即生命意志本身合一的快乐。

那么悲剧艺术中的这种快乐和作为"现象"的个体的人又有什么关系呢？这里又要分为两个层次来理解：一、对在悲剧作品中的英雄个人来说，他是以其死亡来成全和见证生命意志的伟大，虽然他自身的过程是痛苦的；二、对读者而言，则是在欣赏悲剧时会有一种短暂的痛感，但随即会唤起其身上的深层次生命本能和生命机能，这是一种个人的激情喷发所带来的快乐。

但无论是作为个人的悲剧主角还是悲剧的观众，我们其实都是被作为世界本体的生命意志所支配着的，生命意志本身的嬉戏和快乐是决定性的，我们作为个人的快乐实际上只是在见证着生命意志本身的快乐，或者说，最高的快乐乃是人和宇宙生命意志本体合一的快乐，人既以其自由见证和显示

① 尼采：《悲剧的诞生》，见《悲剧的诞生：尼采美学文选》，第 97 页。

了生命意志本体的快乐,同时我们也在这种见证过程中获得了自己的自由和快乐。正如这里几度用到了"自由"这个词,的确,这也是尼采哲学的一个关键词,真正的快乐其实也就是"自由",一是作为世界本体的生命意志本身的自由的舞蹈和游戏,二是我们在见证和应和这种本体的"自由"过程中也相应地感受到了心灵上的"自由":"我们需要这帽子,需要一切傲慢、飘飞、舞蹈、揶揄、稚气和极乐的艺术,以不致失去超尘拔俗的自由——这自由是我们的理想要求于我们的"①,因为自由就是我们的艺术,欢乐就是我们的科学。

尼采所论之乐感,虽有形而上维度,但其当然不能脱离具体的感知经验:没有酒醉,没有激情,没有生命机能和敏感性的激发,何谈快乐? 正是基于如上理由,我们把日神精神和酒神精神所代表之对乐感之追求,称为"乐感现象学美学"。

《悲剧的诞生》中除了有对"乐感"的论述,还有对"痛感"的论述,正是基于此,我们把前者称作为"乐感现象学美学",后者叫作"痛感现象学美学"。

痛苦往往与酒神狄奥尼索斯紧密相连:"一切生成和生长,一切未来的担保,都以痛苦为条件……以此而有永恒的创造喜悦,生命意志以此而永远肯定自己,也必须永远有'产妇的阵痛'……这一切都蕴含在狄奥尼索斯这个词里。"②,根据古希腊神话,狄奥尼索斯还在母亲肚子里的时候,就受到赫拉

① 尼采:《快乐的科学》,黄明嘉译,上海:华东师范大学出版社,2007年版,第188页。

② 尼采:《偶像的黄昏》(节译),见《悲剧的诞生:尼采美学文选》,第334页。

的陷害而差点死去,等到成年,他也常常受到赫拉的排挤而只能在大地上流浪和疯癫,所以尼采称他是一位"受苦的酒神"和"英雄"①。

在尼采对酒神艺术和悲剧的分析中,其所涉及的"痛苦"论述主要分四个层面:

其一是这种痛苦指的是作为世界本体的生命意志本身的痛苦,是生命意志本身过度旺盛的痛苦,"世界意志如此过分多产,斗争、痛苦、现象的毁灭就是不可避免的"②,这是一种丰富的痛苦,尼采经常把这种痛苦称为"原始冲突和原始痛苦"③、"世界的永恒痛苦"④,对于酒神艺术家而言,"他是原始痛苦本身及其原始回响。"⑤对于悲剧艺术和悲剧文化而言,它是"以亲切的爱意努力把世界的永恒痛苦当做自己的痛苦来把握"。⑥

其二是这种痛苦是指个体化的痛苦,即不能与作为世界本体的普遍的生命意志合一的痛苦:"我们必须把个体化状态看作一切痛苦的根源和始因"。⑦ 也就是说,作为具体的个人总是想要超越个人进入普遍性的层面,如果想超越而不得,就产生了痛苦。对于日神艺术而言,它"通过颂扬现象的永恒来

---

① 尼采:《悲剧的诞生》,见《悲剧的诞生:尼米美学文选》,第41页。

② 尼采:《悲剧的诞生》,见《悲剧的诞生:尼采美学文选》,第71页。

③ 尼采:《悲剧的诞生》,见《悲剧的诞生:尼采美学文选》,第24页。

④ 尼采:《悲剧的诞生》,见《悲剧的诞生:尼采美学文选》,第78页。

⑤ 尼采:《悲剧的诞生》,见《悲剧的诞生:尼采美学文选》,第19页。

⑥ 尼采:《悲剧的诞生》,见《悲剧的诞生:尼采美学文选》,第78页。

⑦ 尼采:《悲剧的诞生》,见《悲剧的诞生:尼采美学文选》,第41页。

克服个体的苦难"①,而对于酒神艺术而言,则是通过描写痛苦来克服痛苦。

其三是指悲剧艺术中个体毁灭所带来的痛苦,这种痛苦既是对于悲剧主角而言,也是对于悲剧观众而言的。"对于个体来说,个体的解体是最高的痛苦"②,但也正是在这里产生了一个悖论,即个体的毁灭所带来的痛苦却又是对痛苦的真正解除,因为它以其个体的死亡恰恰彰显了生命意志本身的尊严和伟大,个体在这个过程中实现了与作为世界本体的生命意志的融合,所以这种痛苦恰恰是肯定生命的力量,这正是悲剧艺术的魅力,痛并快乐着,"在其中连痛苦也起着兴奋剂(Stimulans)的作用"③,它是"对人生的最高肯定状态"④,正是因为如此,所以尼采才说:"悲剧端坐在这洋溢的生命、痛苦和快乐之中,在庄严的欢欣之中,谛听一支遥远的忧郁的歌,它歌唱着万有之母,她们的名字是:幻觉,意志,痛苦。"⑤"酒神冲动及其在痛苦中所感觉的原始快乐,乃是生育音乐和悲剧神话的共同母腹。"⑥在个体的痛苦毁灭中又洋溢着一种生命意志本身的"原始快乐",痛苦和快乐不断交织,这正是悲剧艺术的特点。

其四是体现于艺术家和观众身上的痛苦。艺术家的痛苦

---

① 尼采:《悲剧的诞生》,见《悲剧的诞生:尼采美学文选》,第71页。

② 尼采:《悲剧的诞生:尼采美学文选》,译序,第2页。

③ 尼采:《偶像的黄昏》(节译),见《悲剧的诞生:尼采美学文选》,第334页。

④ 尼采:《作为艺术的强力意志》,见《悲剧的诞生:尼采美学文选》,第386页。

⑤ 尼采:《悲剧的诞生》,见《悲剧的诞生:尼采美学文选》,第89页。

⑥ 尼采:《悲剧的诞生》,见《悲剧的诞生:尼采美学文选》,第106页。

来源于对生命意志本身的痛苦的反映,但假如一个艺术家不了解这种痛苦或对这种痛苦无感,当然也就没办法去创造酒神艺术:"苦于生命的过剩的痛苦者,他们需要一种酒神艺术,同样也需要一种悲剧的人生观和人生理解"[1]。对于希腊人而言,之所以能够创造出让后世望尘莫及的悲剧作品,就是因为包括希腊艺术家和希腊观众在内的所有希腊人,最能够感受这种痛苦:"希腊人深思熟虑,独能感受最细腻、最惨重的痛苦,他们用这歌队安慰自己。"[2]由于有这样一种丰富的对痛苦的体验,所以他们才能不断地去创造和欣赏悲剧艺术,形成了悲剧艺术的高峰。

尼采所论之痛感,除了有形而上的维度以外,当然也跟人的感知觉有关,没有艺术家、观众对痛苦的感知,没有悲剧艺术形象的痛苦的情感表现,就不会有对作为世界本体的生命意志本身的痛苦的凸显,甚至说,对这种形而上维度的生命意志本身的痛苦的彰显,仍然也还要基于对具体的人的痛感知觉的经验之上,正是因为如此,所以我们也就可以把尼采对痛苦和痛感之论述称呼为一种"痛感现象学"了。

(三)听觉现象学美学

古希腊的悲剧,都是要以歌队的演唱为基础的,所以它不仅是看的,更是一门听觉的艺术。我们在阅读《悲剧的诞生》

---

① 尼采:《快乐的科学》(节译),见《悲剧的诞生:尼采美学文选》,第253页。
② 尼采:《悲剧的诞生》,见《悲剧的诞生:尼采美学文选》,第28页。

的时候，就可以发现，音乐在其中有很大的比重，同为酒神艺术之形式，音乐实际上乃是悲剧艺术的基础。既如此，那么在《悲剧的诞生》中，涉及颇多与"听觉"有关的论述，自然也就是不奇怪的了。

其实，对听觉之论述，在尼采不同时期的著述中，都有所涉及，比如《查拉图斯特拉如是说》中有这样一句话："但一切诗人都相信：谁静卧草地或幽谷，侧耳倾听，必能领悟天地间万物的奥秘。"[1]除了哲学家的身份，尼采同时还是一位诗人，在其一些诗歌里，他也谈到了"倾听"的问题，当然这里面也有其很深刻的思想表达，在一首就叫作《人呵，倾听》[2]的诗歌里，尼采这样写道：

> 人呵，倾听！
> 倾听深邃午夜的声音：
> "我睡了，我睡了，
> 我从深邃的梦里苏醒：
> 世界是深沉的，
> 比白天想象的深沉。
> 它的痛苦是深沉的——
> 而快乐比忧伤更深：

---

[1] 尼采：《查拉图斯特拉如是说》（节译），见《悲剧的诞生：尼采美学文选》，第265页。

[2] 尼采：《尼采诗集》，周国平译，上海：上海译文出版社，2018年版，第44页。

痛苦说：走开！
但一切快乐都要求永恒，
要求深邃的、深邃的永恒！"

　　仅就《悲剧的诞生》而言之，尼采对与"听觉"有关的论述主要在如下层面展开：

　　其一，悲剧艺术是对作为世界本体的生命意志的倾听，是对作为世界本体的生命意志的讴歌："悲剧端坐在这洋溢的生命、痛苦和快乐之中，在庄严的欢欣之中，谛听一支遥远的忧郁的歌，它歌唱着万有之母，她们的名字是：幻觉，意志，痛苦。"①

　　其二，观众对酒神艺术和悲剧艺术的倾听。这里面尼采又有两种论述层次。一是比较一般性地谈到观众在听酒神颂歌的时候情绪激昂兴奋为之沉迷的状态："酒神颂歌队的任务是以酒神的方式使听众的情绪激动到这地步：当悲剧主角在台上出现时，他们看到的决非难看的戴面具的人物，而是仿佛从他们自己的迷狂中生出的幻象。"②二是悲剧观众通过对悲剧艺术中的音乐的倾听而仿佛实现了对作为世界本体的生命意志本身的倾听，在此过程中，他仿佛与天地宇宙实现了同一，超越了个人而达到了一种真正的普遍性："倾听先于事物的普遍性（universalia ante rem）的回响"③，"凭借音乐，悲剧

---

① 尼采：《悲剧的诞生》，见《悲剧的诞生：尼采美学文选》，第89页。
② 尼采：《悲剧的诞生》，见《悲剧的诞生：尼采美学文选》，第34页。
③ 尼采：《悲剧的诞生》，见《悲剧的诞生：尼采美学文选》，第92页。

观众会一下子真切地预感到一种通过毁灭和否定达到的最高快乐，以致他觉得自己听到，万物的至深奥秘分明在向他娓娓倾诉。"①

其三，是对何谓真正的悲剧艺术审美听众的论述。按照尼采的看法，在对悲剧的欣赏中，真正的审美听众不是在悲剧中看到了一种所谓的"善良高尚原则的胜利，由英雄为一种道德世界观做出的献身"，也不是如亚里士多德所谓的"由严肃剧情引起的怜悯和恐惧应当导致一种缓解的宣泄"②，尼采反对悲剧效果作一种道德化的解释，也反对对悲剧效果作一种医学上的心理宣泄和净化的解释。尼采眼中的真正的审美听众，是能够通过悲剧作品中悲剧主角的个体化毁灭，"得以领略在太一怀抱中的最高的原始艺术快乐"③的那种人。这样一种理想的审美听众，当然是尼采所寻求的一种精神上的共鸣者，其实也就是尼采所想重塑和找到的那种有着强大生命意志的人。

其四，尼采认为我们在悲剧中既要倾听，又要超越于倾听之上。"对于艺术上性质相近的不谐和音，我们正是如此描述这种状态的特征的：我们要倾听，同时又想超越于倾听之上。在对清晰感觉到的现实发生最高快感之时，又神往于无限，渴慕之心振翅欲飞，这种情形提醒我们在两种状态中辨认出一种酒神现象：它不断向我们显示个体世界建成而又毁掉的万

---

① 尼采：《悲剧的诞生》，见《悲剧的诞生：尼采美学文选》，第 91 页。
② 尼采：《悲剧的诞生》，见《悲剧的诞生：尼采美学文选》，第 97 页。
③ 尼采：《悲剧的诞生》，见《悲剧的诞生：尼采美学文选》，第 97 页。

古常新的游戏,如同一种原始快乐在横流直泻。"①所谓的要倾听,是指倾听悲剧艺术中的歌曲和内容;所谓又要"超越于倾听之上",实则指的是我们不要停留于具体的层次,而要上升到与作为世界本体的生命意志合一,领悟回归宇宙太一时的那种源初的快乐,从某种角度来说,这仍然是一种倾听,或者说,这是倾听无言的"太一"之声音,这其实又回到了我们第一点讲的对作为世界本体的生命意志本身的倾听了。

尼采对听觉的论述有其形而上的维度,但这种形而上的维度之成立也离不开具体的听觉感知经验,这是其基础,正如悲剧艺术总也离不开听众对其音乐、台词和内容的倾听一样,在这样一个角度上,我们把尼采建立在听觉感知基础上的哲学和美学论述冠以"听觉现象学哲学和美学"的名头,也就是可以理解的了。

(四) 视觉现象学美学

与听觉现象学一样,尼采在《悲剧的诞生》中也建立了其"视觉现象学美学",甚至相比于"听觉"的论述,在该书中对"视觉"的论述还要更丰富得多。也即是说,尼采在该书中其实建立了一个比较完备的"视觉现象学美学"体系。

当我们去阅读《悲剧的诞生》的时候,我们可以发现如下一些出现频率颇高的词汇:"梦""幻觉""幻象""假象""凝视""外观""静观",这些词其实都与"视觉"有关。

---

① 尼采:《悲剧的诞生》,见《悲剧的诞生:尼采美学文选》,第 106 页。

其一，从视觉角度说，日神精神和日神艺术所代表的和给人所带来的梦幻外观是美的。

众所周知，日神精神的本质是"梦"，而梦当然会有一种美丽的外观让人迷恋其中，引起人的幻觉："我们用日神的名字统称美的外观的无数幻觉，它们在每一瞬间使人生一般来说值得一过，推动人去经历这每一瞬间。"[①]"日神本身理应被看做个体化原理的壮丽的神圣形象，他的表情和目光向我们表明了'外观'的全部喜悦、智慧及其美丽。"[②]这种带有幻觉性特征的美丽外观，尼采也把它称为"幻象"或"幻像"。美丽的外观、幻象在某种程度上来说当然是一种"谎言"，但它又可以让人在一定程度上远离这个世界的悲惨面目，从此角度来说它又是对人生的一种拯救而让人免于过度的悲观："在人生中，必须有一种新的美化的外观，以使生气勃勃的个体化世界执着于生命。"[③]这是一种用幻觉、幻象来战胜现实的能力，它让我们执着于当下的现实人生，不要被外面的真实世界所吓倒，让人始终不要放弃生命的快乐。后来尼采声称这恰恰是人的一种"卓越的（par excellence）艺术能力"[④]的体现。

其二，从观众的角度来说，对这梦幻的美丽外观，我们要作一审美的静观。

日神精神和日神艺术是一种美丽的梦幻，具有美丽的外

---

① 尼采：《悲剧的诞生》，见《悲剧的诞生：尼采美学文选》，第108页。
② 尼采：《悲剧的诞生》，见《悲剧的诞生：尼采美学文选》，第5页。
③ 尼采：《悲剧的诞生》，见《悲剧的诞生：尼采美学文选》，第107页。
④ 尼采：《艺术作为强力意志》，见《悲剧的诞生：尼采美学文选》，第385页。

观。针对这美丽的梦幻和外观,作为观众和欣赏者,我们则需要对之进行一审美的静观以掌握之:"我们不妨想象一个做梦的人,他沉湎于梦境的幻觉,为了使这幻觉不受搅扰,便向自己喊道:'这是一个梦,我要把它梦下去!'从这里我们可以推断,梦的静观有一种深沉内在的快乐。另一方面,为了能够带着静观的这种快乐做梦,就必须完全忘掉白昼及其烦人的纠缠。"①要实现审美静观,就要完全摆脱现实功利的纠缠,彻底沉湎于这梦境幻觉和外观幻象之中。"日神再一次作为个体化原理的神化出现在我们面前,唯有在它身上,太一永远达到目的,通过外观而得救。它以崇高的姿态向我们指出,整个苦恼世界是多么必要,个人借之而产生有解脱作用的幻觉,并且潜心静观这幻觉,以便安坐于颠簸小舟,渡过苦海。"②这一段话指明了静观的两个作用:一是让我们摆脱现实中悲观主义的逼迫,"渡过苦海",二是让我们通过幻象外观而实现与作为世界本体的生命意志在瞬时间的同一,即所谓"唯有在它身上,太一永远达到目的,通过外观而得救"。这里面当然蕴含着审美的因素:一是对外观幻象的美的形式的观看,二是让我们超越现实中的道德的、政治的等外在因素的挤压,而实现一种生命的解脱,正如尼采自己所说,在对外观的静观中,宛如有"一缕神滪的芳香"③而让人迷恋不已。

其三,悲剧艺术中的视觉外观问题。

---

① 尼采:《悲剧的诞生》,见《悲剧的诞生:尼采美学文选》,第13页。
② 尼采:《悲剧的诞生》,见《悲剧的诞生:尼采美学文选》,的14—15页。
③ 尼采:《悲剧的诞生》,见《悲剧的诞生:尼采美学文选》,第14页。

在悲剧艺术中,如何实现酒神精神与日神精神的融合与统一,是《悲剧的诞生》中所讨论的一个非常重要的论题。悲剧的本质是酒神精神,而酒神精神以其澎湃的激情四溢为标志,是反形式的,但悲剧作为一门艺术不可能完全没有可见的形式,那么,悲剧又如何能够在一定的程度上拥有一定的形式以让人既获得一定的审美愉悦,又能让人直达作为世界本体的生命意志呢? 在此,如何在一种相互冲突的张力中以实现酒神精神和日神精神的融合与统一就是个最关键的问题。

关于酒神精神和日神精神如何融合或者说以酒神精神为其本质的悲剧艺术为何又需要一种日神精神来辅佐之问题,尼采在《悲剧的诞生》里进行了多方面的讨论。具体理由大致如下:一是由于酒神精神是无形式和反形式的,只有引入代表日神精神的形式外观才能让酒神精神变得可以被人所感知:"在日神的召梦作用下,音乐在譬喻性的梦象中,对于他重新变得可以看见了。原始痛苦在音乐中的无形象无概念的再现,现在靠着它在外观中的解脱,产生一个第二映象,成为了别的譬喻或例证。……现在,向他表明他同世界心灵相统一的那幅图画是一个梦境,它把原始冲突、原始痛苦以及外观的原始快乐都变成可感知的了。"[1]在此,"无形象无概念"的酒神精神借助所谓的"譬喻性的梦象"也即日神精神的形式而得以变成可感知的。二是代表酒神精神的过度的"生命意志"需要代表日神精神的外观形式的中和:"这里描述的过程只是一种壮丽的外观,即前面提到的日神幻景,我们借它的作用得以缓

① 尼采:《悲剧的诞生》,见《悲剧的诞生:尼采美学文选》,第18页。

和酒神的满溢和过度。"①真实的酒神精神对个人来说有时显得过于残酷,这时就需要代表日神精神的外观形式"以美的面纱遮住它自己的本来面目"②,在一定程度上保护我们。三是悲剧中个体的死亡代表个体化原理的崩溃而融于普遍的生命意志,而代表日神精神的美丽幻觉外观作为一种"幸福幻景的灵药"在一定程度上又可"使几乎崩溃的个人得到复元"③,可以"哄诱他避开酒神过程的普遍性而产生一种幻觉,似乎他看见的是个别的世界形象"④,也即在普遍与个体之间实现了统一,可以让观众在一种个体化的幻觉中又超越个体幻觉而实现与普遍生命意志的合一。四是在悲剧艺术中,酒神精神需要日神精神的配合或者说它需要一个美丽的形式外观,但这决不是从酒神精神完全滑翔降落至日神精神,相反,酒神精神在某种程度上还否定这种由日神形式外观所带来的快感,"而从可见的外观世界的毁灭中获得更高的满足"⑤,"作为一种酒神状态的客观化,它不是在外观中的日神性质的解脱,相反是个人的解体及其同太初存在的合为一体。所以,戏剧是酒神认识和酒神作用的日神式的感性化"⑥。也就是说,在悲剧艺术中,酒神精神只是借助日神精神的外观形式,而欲实现与本源太一的合一,那才是其所要追求的更高的快乐。

① 尼采:《悲剧的诞生》,见《悲剧的诞生:尼采美学文选》,第 94 页。
② 尼采:《悲剧的诞生》,见《悲剧的诞生:尼采美学文选》,第 108 页。
③ 尼采:《悲剧的诞生》,见《悲剧的诞生:尼采美学文选》,第 92 页。
④ 尼采:《悲剧的诞生》,见《悲剧的诞生:尼采美学文选》,第 93 页。
⑤ 尼采:《悲剧的诞生》,见《悲剧的诞生:尼采美学文选》,第 104 页。
⑥ 尼采:《悲剧的诞生》,见《悲剧的诞生:尼采美学文选》,第 33 页。

总而言之，作为一个人，我们之所以需要酒神精神和日神精神，是因为前者能带给我们生命振奋的感觉，后者能带给我们充满快乐的视觉外观；而就悲剧艺术而言，它的本质是"酒神状态的显露和形象化，音乐的象征表现，酒神陶醉的梦境"①，酒神精神和日神精神在其中相互配合、相互补充，其意是让我们在个体审美的欢乐中臻达生命的本源，凝视宇宙的本体，而这一切，无非都是为了人生和生命意义的满足。

其四，一种见证诗学和美学的达成。

尼采的诗学和美学同时也是一种见证诗学和美学，此见证诗学和美学构成其视觉现象学美学的有机的一部分。这里所谓的"见证"不是那种形而下意义的"见证"，比如通过观看悲剧，观众见证了悲剧中描写的一段历史、一个故事情节、某个英雄人物的死亡，等等。如果你硬要说尼采的见证诗学和美学里包含这个维度，当然也是可以的，但我们这里所要指向的"见证诗学和美学"主要不是这个意思和这个层面的事情。我们这里所谓的见证是指对本体的见证，也即在尼采的论述中，其实际上蕴含着这样一层意思：我们通过悲剧艺术的形式，实现了对作为世界本体的生命意志的见证。"生命意志在其最高类型的牺牲中，为自身的不可穷竭而欢欣鼓舞——我称这为酒神精神，……为了成为生成之永恒喜悦本身——这种喜悦在自身中也包含着毁灭的喜悦"②，"在酒神的魔力之

---

① 尼采：《悲剧的诞生》，见《悲剧的诞生：尼采美学文选》，第61页。
② 尼采：《偶像的黄昏》（节译），见《悲剧的诞生：尼采美学文选》，第334—335页。

194

下,不但人与人重新团结了,而且疏远、敌对、被奴役的大自然也重新庆祝她同她的浪子人类和解的节日。……人轻歌曼舞,俨然是一更高共同体的成员,他陶然忘步忘言,飘飘然乘风飞飏。……整个大自然的艺术能力,以太一的极乐满足为鹄的,在这里透过醉的颤栗显示出来了。"①作为世界本体的生命意志的自由嬉戏本来就是快乐的,即此处所谓的"太一的极乐",通过悲剧艺术,我们人类见证了这作为世界本体的生命意志本身的快乐,而在此基础上,我们也获得了我们自身的快乐,因为人的快乐来源于生命意志本身的快乐,人的快乐成为对生命意志本身的快乐的一个回应、见证,或者说,是人和生命意志本体在同一化过程中所产生的快乐,这种快乐来源于生命意志本体,同时它又在人类身上映照、实现。而其表现出来的结果就是在一种快乐的洋溢中实现了人与人、人与自然、人与宇宙本体也即人与生命意志本体的同一、团结。

尼采诗学和美学是一种见证诗学和美学,它强调对本体的见证,对生命意志本身的见证,它见证了作为世界本体的生命意志本身在不断突破和超越各种阻碍和痛苦中所体现的生命本身的永恒和快乐,这种见证中当然包含有视觉的含义,也可以说,尼采所强调的对本体的亲身见证代表着一种最高意义上的视觉现象学。

尼采对日神外观形式、审美静观、酒神和日神的融合、见证诗学的系统论述中,已经蕴含一种成体系的视觉现象学美学思想的建立。尼采的视觉现象学美学中,既有形而下的视

---

① 尼采:《悲剧的诞生》,见《悲剧的诞生:尼采美学文选》,第6页。

觉感知经验，同时又有更深刻的本体见证，它既包括身体，也融摄精神，在一种亲身性、在场性的视觉感知中，带领大家去领悟人生和世界的关系以及人类生存本身的意义。

　　总而言之，尼采在《悲剧的诞生》中通过对醉感、乐感、痛感、视觉、听觉等的具体论述，系统建构了一种具有鲜明尼采特色的知觉现象学美学，这种美学是一种彰显人的生命意志的美学，一种人的身和心、人和人、人和自然宇宙之间相互一体、相互契合、声气相通的美学，这颇吻合知觉现象学的宗旨。尼采的知觉现象学美学不是一种静态的理论思辨的美学，由于尼采尤其凸显基于身体的行动和创造，凸显对人的生命力的激活和维护，所以其知觉现象学美学也就是一种不断指向未来的美学，是一种"为了人"的美学，一种我称之为热情洋溢的青春的美学。

结语:走向未来的美学

　　"未来"对于尼采的哲学和美学具有特殊的价值,是其哲学和美学体系建构中的一个非常重要的关键词。在前面,我已经把尼采的美学定位为一种未来的美学,同样,其对艺术的论述,也就是一种未来的艺术哲学。在前面,我对尼采所要建构的未来美学和未来艺术哲学多有描述,我把它说成是一种指向未来的后形而上学美学,是一种指向未来的后形而上学的生命主义的美学,是一种指向未来的生命悲剧主义的美学,是一种指向未来的感性生命论的美学,在结语中,我还要把它描述成一种指向未来的知觉现象学美学,也就是一种指向未来的审美主义的哲学,等等。这些众多的看似不太稳定的描述,一方面说明尼采的美学思想所具有的丰富性和巨大的包容性,另一方面也说明其还处于不断地尝试构造过程中,是为未来美学奏响的一支序曲,是走在通向未来美学的途中,是在为未来正式的美学体系建构做好铺垫和准备。

　　众所周知,尼采的名著《善与恶的彼岸》的副标题就是"未来哲学序曲",在其中,尼采呼唤一种新的未来的哲学家和新的未来哲学的出现:

　　　　一个新种类的哲学家出现了:我敢用一个不无危险

197

的名称来命名他们。所以,正如我对他们猜测的那样,正如他们让自己被猜出的那样——因为他们这个种类的意愿就是无论在何处始终都是谜语——,这些未来哲学家想要有一种权利,也许甚至是一个不公的权利:被标记为蛊惑者。这个名称本身最终只是一次尝试,如果人们愿意这么说的话,是在蛊惑人去尝试。[①]

这些正在到来中的哲学家可是"真理"的新朋友么?完全有可能:因为迄今为止所有哲学家都爱他们的真理。不过,他们肯定不会是教条论者。那必定有悖于他们的自负和趣味,要是他们的真理竟然还得是一种为每个人的真理:而这是迄今为止所有教条论的抱负的隐秘愿望和背后含义。"我的判断是我的判断:另一个人再要有此权利可不容易。"这样一个未来的哲学家或许会说道。必须摒弃想要与多数人达成一致的坏趣味。挂在邻人嘴边的"好"就不再是好的。怎么可能居然会有一种"公益"呢!这个词是自相矛盾的:凡可共有者,价值皆有限。事情必然终归如此,一如既往:伟大事物留给伟大的人,深渊留给深沉的人,细微和战栗留给精细的人,统而言之,稀有事物是留给稀有之人的。——[②]

---

① 尼采:《善恶的彼岸》,见《尼采著作全集》第五卷,赵千帆译,北京:商务印书馆,2016 年版,第 70 页。

② 尼采:《善恶的彼岸》,见《尼采著作全集》第五卷,赵千帆译,北京:商务印书馆,2016 年版,第 70—71 页。

尽管如此,我是不是还要专门说一下:这些未来哲学家也将成为自由的、非常自由的精神,——当然,他们将不仅仅是自由的精神,还将是某种不愿被误会和混淆的更多者、更高者、更大者、彻底有所不同者? 不过,当我这样说的时候,正如对于我们自己,我们这些未来哲学家的宣谕者和先行者,我们自由的精神们! 对于他们我也几乎同样强烈地感受到——那种职责,要把古老而愚蠢的成见和误解从我们身上一并吹掉,太久了,这些成见和误解像迷雾一般把"自由的精神"这个概念弄得昏昧不明。……我们这些反其道而行之者(指不同于群氓的未来哲学家们——引者),我们这些对那个问题——迄今为止,"人"这株植物在何处、以何种方式向高处生长得最为有力——肯付出一点眼力和良心的人们,则以为,这一生长每一次都是在正相颠倒的条件下发生的,为此,人类处境之危险才必须增大到骇人的地步,他发明和伪饰的力量(他的"精神"——)才必须在长久的压力和强迫之下臻至精细和果决,他的生命意志才必须提升为无条件的权力意志……我们是某种有所不同者……时刻准备冒险,感谢"自由意志"的过分洋溢,……也就是说,只要我们生来就忠诚而心怀嫉妒地做孤独之友,我们各自特有的最深沉的子夜和正午的孤独:这样一个种类的人便是我们,我们这些自由的精神们! 而也许你们也是其中的一部分,你们这些正在到来者? 你们这些新哲学家?——①

① 尼采:《善恶的彼岸》,见《尼采著作全集》第五卷,赵千帆译,北京:商务印书馆,2016年版,第71—74页。

未来哲学家是一群特立独行的人，是所谓的"有所不同者"，是一群自由的精灵，是自由的诱惑者，是一群强大的权力意志的拥有者，是敢于挑战一切世俗陈规陋见的人，是一群孤独的思索者，是相比于常人（庸人、末人、群氓）的"更多者、更高者、更大者、彻底有所不同者"。未来的哲学造就未来的美学，未来的美学归属于未来的哲学，未来的美学只能寄托在这些未来的哲学家身上，其实，未来的美学也就是体现在这些未来的哲学家身上的强大的生命意志和生命精神的凸显。

可以说，"未来"一词之于尼采有着特殊的意义，他的一切论述都可以说是建立在对"未来"的思索基础之上的。可以用一句更为夸张的话来说，"未来"是尼采哲学和美学中的最高价值、最终指向。对于尼采，"未来"不仅仅是一个时间性的概念，它是一个"事件"，此事件既构成了尼采哲学和美学的本体论、方法论，也构成了其价值论。从本体论的角度来说，"未来"是尼采哲学和美学的本体，尼采的哲学和美学，正是在超越过去和现在哲学、美学和文化中表现出来的虚无主义、悲观主义、颓废主义过程中所展开的，其哲学和美学，其所瞩目的并不仅仅是一种所谓的思想理论体系的建立，他所瞩目的是一种未来的人及其构成的未来的社会和未来的秩序，其哲学和美学只有在一种未来的社会和秩序的基础上才能成立，而其哲学和美学的孜孜不倦的目标则正是这样一种未来的新人类及其所形成的未来的社会秩序的建立。"未来"之于尼采，其实也就是人类社会合理生存的依据，没有"未来"，一切的社会存在和思想体系也就失去了意义，其所表现出来的批判性和超越性也就失去了立脚点。从方法论的角度来说，"未来"

其实就是已经成为尼采看待一切问题的视角，是他用来解决一切问题的方法或手段，其对虚无主义、悲观主义、颓废主义的批判立足于"未来"的视角，其对新的酒神精神的再生以及理想社会文化的建立立足于"未来"的视角，其对新的哲学和美学理论体系的建立立足于"未来"的视角。假如缺失了"未来"的视角，则其批判将缺乏动力，一切的建构也将变得不可能。从价值论的角度来说，"未来"已经成为尼采哲学和美学的核心价值、最高价值、唯一价值，任何一个东西是不是有价值都是看其"未来性"，未来成为其衡量一切的标尺。悲观主义、虚无主义、颓废主义之所以要批判，因为它们没有"未来"；群畜和末人之所以要批判，因为他们没有"未来"；之所以要呼唤酒神精神的再生，之所以需要体现权力意志的超人的诞生，因为他们代表"未来"；之所以需要一种新的类型的哲学家的出现，因为他们代表哲学的未来、思想的未来、美学的未来。

一句话，在尼采的整个哲学和美学思想中，"未来"已经成为其终极追求和最重要的指标，一切的东西的存在的合理性都要放在"未来"这把天平上测量，而其所着意要去建构的哲学和美学，也就成为了一种未来的哲学和美学。在尼采那里，其对"未来"的追求是与其对历史和现在文化中所带有的颓废主义、悲观主义、虚无主义的特征的批判直接相关的："我凭借我最内在的经验发现了历史所具有的唯一譬喻和对应物——正因此我第一个理解了奇异的酒神现象。同时我视苏格拉底为颓废者，以此毫不含糊地证明，我的心理把握决不会陷入任何道德过敏的危险——视道德本身为颓废的征象，乃是一个创新,是认识史上头等的独特事件。凭借这两个见解,我如何高出于乐观主义和悲观主义的可怜的肤浅空谈之上!我首先看出真正的对立——看出蜕化的本能带着隐秘的复仇欲转而反对生命(其典型形态是基督教,叔本华哲学,在某种意义上还有柏拉图哲学,全部唯心主义),反对生于丰盈和满溢的最高肯定的公式,无条件的肯定,甚至肯定痛苦,甚至肯定罪恶,甚至肯定生存之一切可疑和异常的特征……对于生命的这种最终的、最快乐的、最热情洋溢的肯定,不但是最高的智慧,而且是最深刻的智慧,得到了真理和科学的最有力的证明和维护。"[1]在哲学上,这种颓废主义、虚无主义、悲观主义的形式是苏格拉底的哲学、柏拉图的哲学、基督宗教哲学以及其他的形形色色的唯心主义哲学,等等。与对传统哲学的批判一致,尼采也批判了艺术上的颓废主义:"颓废艺术家的情形与此相似(指病态的人靠幻想挺下去——引者),他们根本上虚无主义地对待生命,逃入形式美之中,逃入精选的事物之中,在那里,自然是完美的,它淡然地伟大而美丽……(因此,'爱美'不一定是欣赏美和创造美的一种能力,它恰恰可以是对此无能的征象。)"[2]尼采对各种形形色色的现代艺术基本上不感冒,在他眼中都是颓废艺术的代表。尼采不但从思想上对传统哲学和现代艺术进行批判,而且还对西方现代性的官僚机构、学术制度和资本主义民主文化进行了批判:"现代性的批判。——我们的机构已经毫无用处,对此大家都有同感。但是,责任不

---

① 尼采:《看哪,这人》(节译),见《悲剧的诞生:尼采美学文选》,第344页。
② 尼采:《作为艺术的强力意志》,见《悲剧的诞生:尼采美学文选》,第384页。

在它们,而在我们。在我们丢失了机构由之长生的一切本能之后,我们也就丢失了这些机构,因为我们不再适合于它们。民主主义在任何时代都是组织力衰退的形式,我在《人性的,太人性的》第一卷第 318 节中业已把现代民主政治及其半成品,如同'德意志帝国'一样,判为国家的没落形式。……整个西方不再具有机构从中长出、未来从中长出的那种本能,也许没有什么东西如此不合它的'现代精神'了。人们得过且过,活得极其仓促——活得极其不负责任:却美其名曰'自由'。……我们的政治家、我们的政党的价值本能中的颓废已达到如此地步:他们本能地偏爱造成瓦解、加速末日的东西。"[1]"他们,这些冒名的'自由精神'们,属于水平测量员——民主趣味及其'现代理念'的奴隶,善于耍嘴皮子,摇笔杆子:全都是不孤独的人,没有自己特有的孤独,粗壮老实的大小伙子,既不该说他们没有勇气,也不该说他们的礼教不可敬,他们只不过是不自由和肤浅得可笑而已。"[2]"在旧机构管理下,学者中只剩下了政治狂热病患者和形形色色的写作匠。这个令人厌恶的机构如今唯有依仗暴力和非正义的势力,从国家和上流社会那里获取力量,因而它的利益就在于使这些势力愈来愈凶恶和肆无忌惮,没有这种依仗它就虚弱不堪,萎靡不振,人们只须

① 尼采:《疯狂的意义——尼采超人哲学集》,周国平译,天津:天津人民出版社,2007 年版,第 200—201 页。
② 尼采:《善恶的彼岸》,见《尼采著作全集》第五卷,赵千帆译,北京:商务印书馆,2016 年版,第 72 页。

对它公正地予以蔑视,它就会颓然倒塌。"①在尼采看来,现代性的本质就是文化和人的生命力的退化、萎缩,以及由此造成的虚无主义。正是有鉴于此,所以尼采要提倡一种新的未来哲学,要呼唤一种新的未来哲学家的出现,他们能够给当代人和当代社会带来新的启蒙,改变这样一种尴尬的局面:"新启蒙,一种未来哲学的序曲。"②未来哲学家是能重估一切价值的人,是未来的立法者,他们是"发号施令者","他们说:'事情就该这样!'唯有他们才能规定'方向'和'目的',规定什么于人有益,什么于人无益"③。这种未来的哲学家就是一群有巨大的生命意志的人,是一群热爱生命的人,是一群有理想的新人:"人们别无所愿,不愿前行,不愿后退,永远不。不要一味忍受必然性,更不要隐瞒之……,而是要热爱之……"④唯有他们,才能给当前正处于生命力颓废和悲观处境的人们带来新的拯救的希望,他们的帮助,可以廓清我们思想上的迷雾,提振人们的生命意志,使人们走出虚无主义的陷阱,重构一种未来的新的社会文化秩序。

下面我们回到尼采《悲剧的诞生》中有关未来哲学和未来美学的论述。《悲剧的诞生》中直接提及"未来"的文字并不多,但纵观其整个论述,我们又会发现,其整个行文论述和体

---

① 尼采:《瓦格纳在拜洛伊特》,见《悲剧的诞生:尼采美学文选》,第 125 页。

② 尼采:《权力意志》(上卷),孙周兴译,北京:商务印书馆,2011 年版,第 32 页。

③ 尼采:《权力意志——重估一切价值的尝试》,张念东、凌素心译,北京:商务印书馆,1998 年版,第 132 页。

④ 尼采:《瞧,这个人》,见《尼采著作全集》第六卷,孙周兴等译,北京:商务印书馆,2016 年版,第 372—373 页。

系架构都是围绕着"未来"来展开的。据我的理解，尼采在《悲剧的诞生》中回溯希腊时代悲剧诞生的源头，回溯古希腊的日神精神和酒神文化，这代表对过去的一种尊敬和回眸，但是尼采的研究绝对不是一种知识考古学的兴趣，不是一种历史主义的实证研究，他对古希腊悲剧文化的追溯其实是要指向对现代的批判以及对未来的社会建构和文化探索的。也就是说，在《悲剧的诞生》中，其实触及三个时间维度：对古希腊酒神悲剧文化源头的追溯代表着一种过去的维度的体现，指向对其所处时代之现代性虚无主义、悲观主义的批判是其现代的维度的体现，而指向一种未来的新人和新社会、新文化的出现则是其未来维度的体现。过去、当前、未来构成了一个完整的时间过程，而在这个过程中，未来无疑是占主导地位的，是由未来来统率过去和当前，这似乎跟海德格尔强调将在的优先性是有相通性的。在尼采眼中，古希腊的日神和酒神代表的是过去的完美健康的人，是能够体现其理想的一种人，但是这种人在现代消失了；现代的人在尼采的笔下都是颓废的人，没有生命力的人，是平庸、孱弱、无力的人；而其所瞩目的未来的一种新的酒神精神的再生则是代表着一种新人的出现，这种新人在他后期的论述中就转变为未来的哲学家、具有强力意志的超人，他们是一种更高意义上的完美的有强大生命意志的人，是健康的人，同时也是在过去和现在的基础上生成的一种新的未来人。

下面我们再来具体和详细论述一下《悲剧的诞生》中所体现的未来哲学和美学思想：

（一）在《悲剧的诞生》中，瓦格纳是未来的理想的艺术家的先驱，叔本华是未来的理想的哲学家的前驱，他们是我们当前社会的希望

对写作《悲剧的诞生》时候的尼采来说，瓦格纳就是他的精神导师，代表希腊精神在当代德国的传承，代表当代德国文化振兴的希望，也就是说，瓦格纳的浪漫主义音乐就是伟大的酒神精神的复活，而瓦格纳本人则成为一个具有未来性的理想的文化偶像："一种力量已经从德国精神的酒神根基中兴起，它与苏格拉底文化的原始前提毫无共同之处，既不能由之说明，也不能由之辩护，反而被这种文化视为洪水猛兽和异端怪物，这就是德国音乐，我们主要是指它的从巴赫到贝多芬、从贝多芬到瓦格纳的伟大光辉历程。"①1872年出版时，《悲剧的诞生》的标题全名是"悲剧从音乐精神中的诞生"（The Birth of Tragedy: Out of the Spirit of Music）。由这一命名也可以发现为何当时的尼采尤其重视音乐家瓦格纳的原因。可以说，瓦格纳对于写作《悲剧的诞生》时代的尼采，其影响是决定性的，正如尼采要把《悲剧的诞生》题献给瓦格纳一样。周国平先生正确地指出了瓦格纳与尼采《悲剧的诞生》二者之间的影响关系："在《悲剧的诞生》中，尼采已经开始了他对现代文化的批判，指出：由于悲剧精神的沦亡，现代人已经远离人生

---

① 尼采：《悲剧的诞生》，见《悲剧的诞生：尼采美学文选》，第85页。

206

的根本,贪得无厌,饥不择食的求知欲和世俗倾向恰恰暴露了内在的贫乏。当时,他把时代得救的希望寄托在悲剧文化的复兴上,又把悲剧复兴的希望寄托在瓦格纳的音乐上。"①尽管后期的尼采在各种场合写了不少文字来反思瓦格纳艺术和思想的局限以及瓦格纳和他个人之间的思想关系,有时用词甚至相当尖锐、激烈,但是尼采其实一直对他和瓦格纳相遇相知的这段日子心怀感激。"对理查德·瓦格纳,我曾有过高度的热爱和尊重,胜过其他任何人;……他是当今所有难以认识的人物中最深刻和最冷静的,也是最受误解的,与之相遇比其他任何一种遭遇更有益于我的见识。"②当然,在后来随着尼采自身思想的进一步成熟,随着他对瓦格纳的认识的深入,他在瓦格纳身上也就发现了越来越多的不能令他满意的缺点,而正是对这些缺点的不能容忍,导致二人的分道扬镳。后期尼采对瓦格纳在很多著作中多有严厉的批判,比如说"瓦格纳是一位神经官能症患者"③,是"一个典型的颓废者"④。他说自己当时之所以会受瓦格纳影响,是因为自己"当时无论是对于哲学悲观主义,还是对于德国音乐,均未认清构成其真正性质的东西——它们的浪漫主义"⑤,而这种浪漫主义"是苦难深重

---

① 尼采:《悲剧的诞生:尼采美学文选》,译序,第 12 页。

② 尼采:《权力意志》(上卷),孙周兴译,北京:商务印书馆,2011 年版,第 92 页。

③ 尼采:《瓦格纳事件——一个音乐家的问题》,见《悲剧的诞生:尼采美学文选》,第 292 页。

④ 尼采:《瓦格纳事件——一个音乐家的问题》,见《悲剧的诞生:尼采美学文选》,第 291 页。

⑤ 尼采:《快乐的科学》(节译),见《悲剧的诞生:尼采美学文选》,第 253 页。

者、挣扎者、受刑者的那种施虐意志，这种人想把他最个人、最特殊、最狭隘的东西，把他对于痛苦的实际上的过敏，变成一种有约束力的法则和强制，他把他的形象，他的受刑的形象，刻印、挤压、烙烫在万物上面，仿佛以此向万物报复。后者在其最充分的表现形式中便是浪漫悲观主义，不论它是叔本华的意志哲学，还是瓦格纳的音乐"①。当然，尽管后期尼采对写作《悲剧的诞生》时所受到的瓦格纳的影响进行了深刻的反思，但是并不意味着他完全否定了《悲剧的诞生》写作的初衷，即所谓的"用艺术家的眼光考察科学，又用人生的眼光考察艺术……"②而这一写作初衷中自然少不了瓦格纳的影子。不管后来怎么反思和否定，瓦格纳对尼采思想发展所曾经起到的艺术缪斯的作用是不可抹煞的，他曾经把瓦格纳当作一种具有未来性维度的艺术家的这一事实也是无法否定的。

与对待瓦格纳的态度一致，尼采在《悲剧的诞生》中把叔本华当成思考了悲观主义以及如何解脱悲观主义问题的伟大的思想家，但在后期，则对自己写作《悲剧的诞生》时对待叔本华的态度进行了反思，认为自己当时错误地估计了叔本华的哲学，所以他在其后期一系列著作中又不断地反思了叔本华的悲观主义哲学。在前期尼采的心目中，叔本华就是理想的哲学家的形象，是一个"现在找不到他这样的人了"③的具有未来性的哲学家。在《悲剧的诞生》中，他充分地利用了叔本华

---

① 尼采：《快乐的科学》（节译），见《悲剧的诞生：尼采美学文选》，第 255 页。

② 尼采：《自我批判的尝试》，见《悲剧的诞生：尼采美学文选》，第 272 页。

③ 尼采：《悲剧的诞生》，见《悲剧的诞生：尼采美学文选》，第 89 页。

的"个体化原理",并在此基础上发挥出了所谓的"个体化原理的崩溃"的观点,认为前者是日神精神的特点,后者是酒神精神的特点:"在我看来,日神是美化个体化原理的守护神,唯有通过它才能真正在外观中获得解脱;相反,在酒神神秘的欢呼下,个体化的魅力烟消云散,通向存在之母、万物核心的道路敞开了。这种巨大的对立,像一条鸿沟分隔作为日神艺术的造型艺术与作为酒神艺术的音乐,在伟大思想家中只有一人对之了如指掌,以致他无需希腊神话的指导,就看出音乐与其他一切艺术有着不同的性质和起源,因为其他一切艺术是现象的摹本,而音乐却是意志本身的直接写照,所以它体现的不是世界的任何物理性质,而是其形而上性质,不是任何现象而是自在之物。(叔本华:《作为意志和表象的世界》第一卷。)由于这个全部美学中最重要的见解,才开始有严格意义上的美学。"①虽然在《悲剧的诞生》中尼采从其理论的直觉出发还是对叔本华的某些观点有所保留,比如他不赞同叔本华之所谓"主观艺术与客观艺术的对立"②,不赞同叔本华在彰显抒情艺术的时候强调一种"无意志的纯粹认识的主体"③,但不管怎么说,他在《悲剧的诞生》中还是没有对叔本华的哲学进行真正的反思和批判,而认为"在他(指叔本华——引者)的深刻的音乐形而上学里,惟有他掌握了能够彻底消除困难的手段。我

① 尼采:《悲剧的诞生》,见《悲剧的诞生:尼采美学文选》,第67页。
② 尼采:《悲剧的诞生》,见《悲剧的诞生:尼采美学文选》,第21页。
③ 尼采:《悲剧的诞生》,见《悲剧的诞生:尼采美学文选》,第20页。

相信,按照他的精神,怀着对他的敬意,必能获得成功。"①到了后期,随着尼采对叔本华思想的把握的更加深刻全面,他对叔本华的批评也就越来越尖锐和直接了:"叔本华根本误解了意志(他似乎认为渴求、本能、欲望就是意志的根本),这很典型。因为,他把意志的价值贬低到应该予以否定的地步。对意愿的仇视也是如此;试图把无意愿、'无目的和无意图的主体存在'(把'纯粹的无意志的主体')视为更高等的东西,不错,更高等的东西、有价值的东西。这是意志疲惫,或意志薄弱的伟大象征。因为,意志本来一直认为渴求乃是主人,意志给渴求指明道路,提供标准……"②当然,不管怎么说,就《悲剧的诞生》而言,我们还是不能否定叔本华对尼采所起到的思想导师的作用,在尼采的心中,叔本华一度就是最理想的哲学家,是哲学的希望和未来。

(二) 如果说古希腊的日神和酒神代表着过去的理想的人,那么尼采所呼唤的悲剧的再生及其降临的新酒神就代表着未来的新人

尼采的整个哲学可以称之为一种"人学":"让世界'人

---

① 尼采:《悲剧的诞生》,见《悲剧的诞生:尼采美学文选》,第20页。

② 尼采:《权力意志——重估一切价值的尝试》,张念东、凌素心译,北京:商务印书馆,1998年版,第228页。

化'，即这个世界日益使人感到自己是地球的主人。"①当然，尼采所意指的人当然不是一种庸人、末人、群氓，而是其心目中的理想的人，是一群具有强大的生命意志的人，用他的话说，是"指导千年意志的人是最高级的人"②，就是"地球的主人"，其实也即是他所谓的"超人"，具有强大"权力意志"的人。这种"地球的主人"现在自然是不见了，因为他们是一种"未来的人"，故而尼采说："我在为一种尚未出世的人写作：'地球的主人'。"③因为他尚未出世，故自然是还处于"未来"的阶段，他要在未来成为地球的主人，并由他去创造未来。对于我们现在来说，一个有意义的工作就是尽可能地提供一些条件，去为迎接"未来"的"地球主人"的出现而做准备，在当下，一个人甚至连结婚生子都要考虑到这个要求："这就是成为未来立法者和地球主人前的准备工作。假如我们不行，起码我们的孩子能行，这是我对婚姻的基本想法。"④尼采对未来新人的呼唤充分体现了在他的哲学中，"把未来作为衡量一切价值的准绳"⑤这

① 尼采：《权力意志——重估一切价值的尝试》，张念东、凌素心译，北京：商务印书馆，1998年版，第121页。

② 尼采：《权力意志——重估一切价值的尝试》，张念东、凌素心译，北京：商务印书馆，1998年版，第118页。

③ 尼采：《权力意志——重估一切价值的尝试》，张念东、凌素心译，北京：商务印书馆，1998年版，第127页。

④ 尼采：《权力意志——重估一切价值的尝试》，张念东、凌素心译，北京：商务印书馆，1998年版，第150页。

⑤ 尼采：《权力意志——重估一切价值的尝试》，张念东、凌素心译，北京：商务印书馆，1998年版，第136页。

一根本要求。

我们在之前的章节中讲过，尼采写作《悲剧的诞生》，去探讨古希腊文化中曾经诞生过的日神精神、酒神精神，决不是出于一种历史考证的需要，而是其强烈的精神需求和现实指向的表征，说白了，他是为了通过对一种过去人类所曾经拥有过而现在则已经失落了的理想人格的回溯性探讨，以在当下去呼唤一种新的未来的理想性人格的出现而服务。而这，当然又有助于去克服和抵制当下大行其道的悲观主义、颓废主义和虚无主义。

根据尼采的研究，日神精神和酒神精神曾经在希腊大行其道，它们是生命意志的象征，正是基于这种精神，在古希腊涌现出了各种类型的日神艺术和酒神艺术，这些艺术表征着古希腊人奋发向上、青春洋溢、身心健康、乐观积极、充满力量的理想人性和理想人格，这个我们从古希腊的造型艺术和悲剧作品中可以充满感受到这一点。但是随着苏格拉底理性主义哲学的兴起，推崇"知识即美德"，推崇"理解然后美"，最终导致了古希腊悲剧的消亡，导致了古希腊理想人性和理想人格的消亡："欧里庇得斯要把戏剧独独建立在日神基础之上是完全不成功的，他的非酒神倾向反而迷失为自然主义的非艺术的倾向，那么，我们现在就可以接近审美苏格拉底主义的实质了，其最高原则大致可以表述为'理解然后美'，恰与苏格拉底的'知识即美德'彼此呼应。欧里庇得斯手持这一教规，衡量戏剧的每种成分——语言，性格，戏剧结构，歌队音乐；又按照这个原则来订正它们。在同索福克勒斯的悲剧作比较时，欧里庇得斯身上通常被我们看作诗的缺陷和退步的东西，多半是那种深入的批判过程和大胆的理解的产物。"[1]"现在,新喜剧可以面向被如此造就和开蒙的大众了,欧里庇得斯俨然成了这新喜剧的歌队教师;不过这一回,观众的歌队尚有待训练罢了。一旦他们学会按照欧里庇得斯的调子唱歌,新喜剧,这戏剧的棋赛变种,靠着斗智耍滑头不断取胜,终于崛起了。然而,歌队教师欧里庇得斯仍然不断受到颂扬,人们甚至宁愿殉葬,以便继续向他求教,殊不知悲剧诗人已像悲剧一样死去了。可是,由于悲剧诗人之死,希腊人放弃了对不朽的信仰,既不相信理想的过去,也不相信理想的未来。'像老人那样粗心怪僻'这句著名的墓志铭,同样适用于衰老的希腊化时代。得过且过,插科打诨,粗心大意,喜怒无常,是他们至尊的神灵。第五等级即奴隶等级,现在至少在精神上要当权了。倘若现在一般来说还可以谈到'希腊的乐天',那也只是奴隶的乐天,奴隶毫无对重大事物的责任心,毫无对伟大事物的憧憬,丝毫不懂得给予过去和未来比现在更高的尊重。"[2]在苏格拉底和欧里庇得斯的共同努力下,希腊的悲剧精神被基于理性主义的愚蠢的"乐观主义"所代替,从此,真正的悲剧消失,而促成悲剧诞生的理想的日神精神和酒神精神也随之一并消失。人类既丧失了过去,也没有了未来。

日神精神和酒神精神都是有强大生命意志的人格,"'狄奥尼索斯的'(dionysisch)这个词表达的是:一种追求统一的愿望,一种对个人、日常、社会、现实的超越,作为遗忘的深渊,

---

[1] 尼采:《悲剧的诞生》,见《悲剧的诞生:尼采美学文选》,第52页。

[2] 尼采:《悲剧的诞生》,见《悲剧的诞生:尼采美学文选》,第46页。

充满激情和痛苦的高涨而进入更晦暗、更丰富、更飘忽的状态之中；一种对生命总体特征的欣喜若狂的肯定，对千变万化中的相同者、相同权力、相同福乐的肯定；伟大的泛神论的同乐和同情，这种同乐和同情甚至赞成和崇敬生命中最可怕和最可疑的特性，其出发点是一种追求生育、丰产和永恒的永恒意志：作为创造与毁灭之必然性的统一感……而'阿波罗的'（apollinisch）一词表达的是：追求完美的自为存在的欲望，追求典型'个体'的欲望，追求简化、显突、强化、清晰化、明朗化和典型化之一切的欲望，即：受法则限制的自由。"[①]无论是日神精神还是酒神精神，都是一种理想的精神人格。这种理想的精神人格虽然出现在古希腊，但是它们并不是完全不具有未来性或者彻底死了，日神和酒神都是预言者："希腊人在他们的日神身上表达了这种经验梦的愉快的必要性。日神，作为一切造型力量之神，同时是预言之神。"[②]"悲剧神话引导现象世界到其界限，使它否定自己，渴望重新逃回唯一真正的实在的怀抱，于是它像伊索尔德那样，好像要高唱它的形而上学的预言曲了：在极乐之海的／起伏浪潮里，／在大气之波的／喧嚣声响里，／在宇宙呼吸的／飘摇大全里——／沉溺——淹没——／无意识——最高的狂喜！"[③]预言者也就是意味着它们是有朝向"未来"之本质的，或者说它们是有"未来性"的，在当

---

① 尼采：《权力意志》（下卷），孙周兴译，北京：商务印书馆，2011年版，第941—942页。

② 尼采：《悲剧的诞生》，见《悲剧的诞生：尼采美学文选》，第4页。

③ 尼采：《悲剧的诞生》，见《悲剧的诞生：尼采美学文选》，第96—97页。

前时代,它们虽然衰弱了甚至湮没不闻了,但是并不意味着它们在当代没有任何一点的遗存。尼采去考察古希腊悲剧的起源,就是要去挖掘古希腊悲剧文化在当代的回响,以为未来的新的悲剧的再生以及新的酒神的复活和酒神精神的驾临做好准备:"现在似乎是在从亚历山德里亚时代倒退到悲剧时代。同时,我们还感到,在外来入侵势力迫使德国精神长期在一种绝望的野蛮形式中生存,经受他们的形式的奴役之后,悲剧时代的诞生似乎仅意味着德国精神返回自身,幸运地重新发现自身。现在,在它归乡之后,终于可以在一切民族面前高视阔步,无须罗马文明的牵领,向着它生命的源头走去了。它只须善于坚定地向一个民族即希腊人学习,一般来说,能够向希腊人学习,本身就是一种崇高的荣誉和出众的优越了。今日我们正经历着悲剧的再生,危险在于既不知道它来自何处,也不明白它去向何方,我们还有什么时候比今日更需要这些最高明的导师呢?"①这里所谓的"高明的导师"即指对未来有深刻认知和感应的思想家和艺术家,在尼采心目中酒神叔本华、瓦格纳,只有他们才能带领和指引我们去迎接新酒神的来临,新的酒神未来的世界主人,他们拥有强大的生命意志,会给这个世界注入新鲜的活力。

---

① 尼采:《悲剧的诞生》,见《悲剧的诞生:尼采美学文选》,第86—87页。

（三）未来的美学就是代表生命
意志的酒神美学

尼采的哲学叫作唯意志论哲学或生命意志论哲学，那么其所要建构的未来美学当然也一定是彰显生命意志的美学了，这个美学体现在《悲剧的诞生》中就是"酒神美学"，在其后期的一些论述中提出了"权力意志""超人"等一些概念，那么，也可以说，"权力意志"美学、"超人"美学就是其前期之"酒神美学"的别名。

美学在尼采的哲学中具有特殊的地位，尼采本人被人称之为"诗人哲学家"，其哲学被人称为"诗化哲学"，这些称呼足可彰显美学之于尼采哲学建构的特殊意义。而尼采的美学就是一种未来的美学，在《瓦格纳在拜洛伊特》中，尼采提出创造性的艺术家是在向未来的人类进行倾诉的论断："一般来说，创造的艺术家的救世欲望过于强烈，他的人类之爱的视野过于广阔，因为他的眼光不再受制于民族性格的樊篱。他的思想如同每个伟大优秀的德国人的思想一样，是超德国的，而他的艺术语言并非向民族，而是向人类倾诉。然而是向未来的人类。"①在《权力意志》中，后期尼采论述了所谓的"重估一切价值"和未来哲学的关系："重估价值——这是什么意思呢？这必须是一场自发的运动——新的、未来的、更强大的——全

---

① 尼采：《瓦格纳在拜洛伊特》，见《悲剧的诞生：尼采美学文选》，第169页。

都在场。"①重估一切价值,就是抵制过去虚无主义的价值观,迎接一种未来的新人和新的价值的出现。尼采的哲学和美学有着密切的关系,在未来哲学中,"(未来的哲人)必须成为艺术文化的最高法庭,如同对付一切骚乱的安全部门"②。也正是基于此种原因,尼采在《悲剧的诞生》中才会把叔本华树立为一个理想的未来的哲学家的前驱,因为他身上浸透了希腊精神,他的思想能够帮助古希腊悲剧精神的复活,他能够唤起我们对未来的期待或者迎接新的艺术精神、新的价值观的出现和到来:"谁也别想摧毁我们对正在来临的希腊精神复活的信念,因为凭借这信念,我们才有希望用音乐的圣火更新和净化德国精神。否则我们该指望什么东西,在今日文化的凋敝荒芜之中,能够唤起对未来的任何令人欣慰的期待呢?我们徒然寻觅一棵茁壮的根苗,一角肥沃的土地,但到处是尘埃、沙砾、枯枝、朽木。在这里,一位绝望的孤独者倘要替自己选择一个象征,没有比丢勒(Dürer)所描绘的那个与死神和魔鬼做伴的骑士更合适的了,他身披铁甲,目光炯炯,不受他的可怕伴侣干扰,尽管毫无希望,依然独自一人,带着骏马彪犬,踏上恐怖的征途。我们的叔本华就是这样一个丢勒笔下的骑士,他毫无希望,却依然寻求真理。现在找不到他这样的人了。"③

---

① 尼采:《权力意志——重估一切价值的尝试》,张念东、凌素心译,北京:商务印书馆,1998 年版,第 267 页。

② 尼采:《重估一切价值》(下卷),林笳译,上海:华东师范大学出版社,2014年版,第 851 页。

③ 尼采:《悲剧的诞生》,见《悲剧的诞生:尼采美学文选》,第 88—89 页。

尼采的美学其实也就是一种艺术哲学。在哲学上，尼采推崇生命意志："生命是什么？生命意味着：不断把想死的东西从身边推开；生命意味着：对抗我们身边的——也不止是我们身边的——一切虚弱而老朽的东西。"①推崇自由精神："对我而言，自由精神是非常明确的东西：自由精神以其对自我的严格，以其真诚、勇气和说'不'的绝对意愿（这个'不'是多么危险啊），比哲人和其他'真实'的信徒更高贵一百倍"②。在对生命意志和自由精神的寻求上，尼采非常推崇和强调艺术的作用，在《权力意志》一则名为"《悲剧的诞生》的技巧"的标题下面，尼采这样写道③：

艺术，无非就是艺术！它乃是使生命成为可能的壮举，是生命的诱惑者，是生命的伟大兴奋剂。

艺术是对抗一切要否定生命的意志的唯一最佳对抗力，是反基督教的、反佛教的，尤其是反虚无主义的。

艺术是对认识者的拯救——即拯救那个见到、想见到生命的恐怖和可疑性格的人，那个悲剧式的认识者。

艺术是对行为者的拯救，也就是对那个不仅见到而且正在体验，想体验生命的恐怖和可疑性格的人的拯救，

① 尼采：《快乐的科学》，黄明嘉译，上海：华东师范大学出版社，2007年版，第104页。

② 尼采：《快乐的科学》，黄明嘉译，上海：华东师范大学出版社，2007年版，第237页。

③ 尼采：《权力意志——重估一切价值的尝试》，张念东、凌素心译，北京：商务印书馆，1998年版，第443页。

对那位悲剧式的、好战的人，那位英雄的拯救。

　　艺术是对受苦人的拯救——是通向痛苦和被希望、被神化、被圣化状态之路，痛苦变成伟大兴奋剂的一种形式。

　　艺术是与人的生命密切相关的，它是人们用来对抗悲观主义、颓废主义、虚无主义的重要方式和手段，是重振、激发和体现人的生命意志的重要途径。对于人类来说，"非艺术"或"非艺术家"的状态往往与"衰弱、赤贫、淘空""弱者、平庸者"①这些字眼有关，而这也就意味着是虚无主义的。

　　尼采在其晚期著作《权力意志》中对《悲剧的诞生》曾经有一个总结，这个总结略为不同于其在《看哪，这人》中的总结。在《看哪，这人》中，尼采总结了《悲剧的诞生》的两大贡献："第一是对希腊人的酒神现象的理解——为它提供了第一部心理学，把它看作全部希腊艺术的根源；第二是对苏格拉底主义的理解，苏格拉底第一次被认作希腊衰亡的工具，颓废的典型。"②在《权力意志》中，他则总结了《悲剧的诞生》的"三个全新的观点"："第一个观点我们上面已经提到过了：艺术乃是生命的伟大兴奋剂，是刺激生命的兴奋剂。第二个观点在于：本书提出了一个新的悲观主义类型，即古典的悲观主义。第三

---

① 尼采：《权力意志》（下卷），孙周兴译，北京：商务印书馆，2011 年版，第 1297 页。

② 尼采：《看哪，这人》（节译），见《悲剧的诞生：尼采美学文选》，第 344 页。

个观点在于:本书重新提出了一个心理学问题,即希腊问题。"①两个总结里有一个共同点,即都强调对希腊酒神文化的发掘和对酒神现象的理解,这说明这一点对理解《悲剧的诞生》是最重要的。前面我们已经说过,尼采写作《悲剧的诞生》,其意不在于做一种知识学的探寻,而在于通过对古希腊悲剧文化的发掘,以为今日彰显一种人类的强大生命意志以对抗今日盛行的颓废主义、悲观主义、虚无主义而服务。在这里,简单的还原古希腊悲剧既不可能,也无必要,最重要的是借助古希腊悲剧文化的启示,在今日重燃日神精神和酒神精神的火炬,也即是我们要在今日做好准备,庆祝酒神的复活和恭迎新酒神的再度光临,用尼采自己的话,也就是等待着酒神的觉醒,信仰悲剧在未来的再生:"酒神信徒庄严而纵情的行列用此起彼伏的回声答复这召唤,我们为德国音乐而感谢他们——我们还将为德国神话的再生而感谢他们!"②"是的,我的朋友,和我一起信仰酒神生活,信仰悲剧的再生吧。苏格拉底式人物的时代已经过去,请你们戴上常春藤花冠,手持酒神杖,倘若虎豹讨好地躺到你们的膝下,也请你们不要惊讶。现在请大胆做悲剧式人物,因为你们必能得救。你们要伴送酒神游行行列从印度到希腊! 准备作艰苦的斗争,但要相信你们的神必将创造奇迹!"③酒神精神会在未来某个时候再生,酒

---

① 尼采:《权力意志》(下卷),孙周兴译,北京:商务印书馆,2011年版,第948—949页。

② 尼采:《悲剧的诞生》,见《悲剧的诞生:尼采美学文选》,第101页。

③ 尼采:《悲剧的诞生》,见《悲剧的诞生:尼采美学文选》,第89页。

神精神的再生彰显的就是一种有着强大生命意志的美学，一种未来的理想的美学，一种足够地彰显人之为人的尊严的美学："没有什么是美的：只有人才是美的。"①

如果从时间维度来进行划分的话，我们可以说《悲剧的诞生》中的古希腊文化代表的是过去，尼采对悲观主义、颓废主义、虚无主义的批判指向的是当前，而其对超人的呼唤指向的则是未来。但是，这样的划分自然遮掩了尼采哲学中一些更为复杂的细节，即尼采对希腊精神的追溯，以及对悲观主义、颓废主义、虚无主义的批判都是指向未来的。从人类社会来说，尼采渴望未来的有强大生命意志的超人的出现，希望建构一个由少数超人领衔的"贵族统治的世界"②，"贵族政体，体现了对少数精英和高等人的信仰"③；从思想主体来说，他希望更多的未来哲学家、未来艺术家的涌现；从体系建构来说，他希望未来哲学和未来美学的出现。在尼采那里，未来哲学是一种打破旧的哲学束缚，充分彰显人的生命尊严和自由权利的哲学；同样，未来的美学必然也是一种充分彰显人的生命精神的美学，是一种自由的美学。其实，在尼采那里，未来的美学是其哲学的基本底色，其未来的哲学也就是未来的美学，未来的美学也就是未来的哲学，故也可以说，在尼采哲学中，美学

① 尼采：《权力意志》（下卷），孙周兴译，北京：商务印书馆，2011 年版，第 1257 页。

② 尼采：《权力意志——重估一切价值的尝试》，张念东、凌素心译，北京：商务印书馆，1998 年版，第 125 页。

③ 尼采：《权力意志——重估一切价值的尝试》，张念东、凌素心译，北京：商务印书馆，1998 年版，第 136 页。

其实是第一性的，它是作为其哲学的奠基，在这个基础上我们又可以说，在尼采那里，美学实际上已经成为第一哲学。在其美学作为第一哲学的理论体系里，艺术和审美成为了衡量人类生存尺度的唯一和最高价值。在此，艺术和审美成为推动人类不断超越和发展的根本动力，这进一步彰显了尼采美学的未来特色和指向，而在其中，《悲剧的诞生》中探讨的古希腊艺术和审美精神发挥了非常重要的作用。

　　尼采的美学是一种身体现象学美学，这从我们第七章对《悲剧的诞生》中之醉感、乐感、通感、视觉感、听觉感等的具体感知经验的论述中可见一斑，而知觉即行动，所以尼采的美学又是一种行动的美学，一种生成和创造的美学，一种广义上的实践的哲学和美学，所以尼采的一生都在强调战争、战斗、斗争，包括反对基督教的斗争，反对颓废主义的斗争，反对悲观主义的斗争，反对一切的虚无主义的斗争，保卫人的生命力和生命本能的斗争："反对基督教理想的战争，反对'极乐'说和'救世'说就是生命目的的主张，反对头脑简单者、良心纯洁者、受苦受难者和多灾多难者享有最高权力。"[①]"我预期着一个悲剧时代：一旦人类具备一种觉悟，进行最艰苦却也最必要的战争，并不因此痛苦，肯定生命的最高艺术，即悲剧，就要复活了……"[②]这种美学固然不同于以往的那种形而上的理性思辨美学；也不同于那种停留于感性形式审美的"为艺术而艺

① 尼采：《权力意志——重估一切价值的尝试》，张念东、凌素心译，北京：商务印书馆，1998年版，第358页。
② 尼采：《看哪，这人》（节译），见《悲剧的诞生：尼采美学文选》，第346页。

术"的美学,在《偶像的黄昏》中,尼采曾把"为艺术而艺术"的主张称为"一条咬住自己的尾巴的蛔虫"①;甚至你说其是非理性主义的美学、反理性主义的美学都很不恰当,因为它有其内在的合理的目的,即它是为人生的美学,是一种生命主义的美学,是一种彰显人的强烈的生命意志的美学。尼采的哲学和美学体现了"求快乐的意志""求生成、变化、塑造的意志""求创造的意志"②,这种美学追求正好和其人生轨迹相一致,他一辈子都在像一个狂人和疯子一样地自言自语、疯狂呐喊,不正表明他的不肯止步,不断追求创造、生成和变化吗? 不正表明他的用生命践行其美学的生命主义、人生主义、实践主义的特色吗?

哲人已逝,但其求创造、求生成的思想却会是生生不息的。尼采虽然在其所处时代不为人所理解,对此,尼采曾经不无无奈地自嘲道:"我自己的时代也尚未到来,有些人是死后才得以诞生的。"③但是,尼采死后所获得的巨大声名和影响恰恰彰显了其哲学所具有的强大生命力,这里恰也展示了尼采哲学所具有的强大的未来性。在本书中,我把尼采的哲学和美学定位为一种未来哲学和美学,或至少是为未来哲学和美学奏响的一个序曲或做好的一个准备吧。对尼采本人来说,他的思想和行为风格在其所处时代或许显得如此"不合时

---

① 尼采:《偶像的黄昏》(节译),见《悲剧的诞生:尼采美学文选》,第325页。

② 尼采:《作为艺术的强力意志》,见《悲剧的诞生:尼采美学文选》,第386页。

③ 尼采:《瞧,这个人》,见《尼采著作全集》第六卷,孙周兴等译,北京:商务印书馆,2016年版,第375页。

宜",但他的具有预见性的思想无疑是在不断地给我们后人示警,他就是一个在人类的贫困和黑夜时代始终不忘歌唱生命意志和理想,始终劝人快乐地对待一切的哲学家,他既是在不断地讴歌自由也是在为人类能够拥有一个自由的未来不断指明方向的自由的精灵。一如其思想本身总是不断地处于生成中一样,其求创造、生成的哲学让我们明白一个道理:世界是生生不息的,人类是生生不息的,生命意志是不断更新的,只要我们人类和世界还不断地存在着,那么我们人类和世界也就是不断指向未来的。正是基于此,我们也就可以说,尼采《悲剧的诞生》中初步显示出来并在其后的著作中不断奏响的那种强调不断创造、生成,带有强烈的未来性的哲学和美学也就应该是不断指向未来的,是属于未来的,因为它能始终给我们以启示,而我们前面所论述的所谓"后形而上学的生命主义的美学""知觉现象学美学""感性生命论的美学"等等其实都只不过是其走向未来的未来美学的别名而已。尼采的哲学和美学在这个意义上就又已经不仅仅是尼采"个人"的思想,而恰恰属于未来的人类全体,而这也正好跟其所要追寻和把握的作为世界本体的生命意志的普遍性是一致的了。

附录:《悲剧的诞生》论点撷英①

悲剧的诞生(1870—1871)

前言
——致理查德·瓦格纳

艺术是生命的最高使命和生命本来的形而上活动。(第2页)

1

只要我们不单从逻辑推理出发,而且从直观的直接可靠性出发,来了解艺术的持续发展是同日神和酒神的二元性密切相关的,我们就会使审美科学大有收益。(第2页)

由于希腊"意志"的一个形而上的奇迹行为,它们才彼此结合起来,而通过这种结合,终于产生了阿提卡悲剧这种既是

---

① 以下译文皆摘自《悲剧的诞生:尼采美学文选》(周国平译,三联书店,1986年版)。本附录由肖建华、许家嫒摘录。

酒神的又是日神的艺术作品。（第2—3页）

为了使我们更切近地认识这两种本能，让我们首先把它们想象成梦和醉两个分开的艺术世界。（第3页）

希腊人在他们的日神身上表达了这种经验梦的愉快的必要性。日神，作为一切造型力量之神，同时是预言之神。按照其语源，他是"发光者"，是光明之神，也支配着内心幻想世界的美丽外观。（第4页）

关于日神的确可以说，在他身上，对于这一原理的坚定信心，藏身其中者的平静安坐精神，得到了最庄严的表达，而日神本身理应被看作个体化原理的壮丽的神圣形象，他的表情和目光向我们表明了"外观"的全部喜悦、智慧及其美丽。（第5页）

在这惊骇之外，如果我们再补充上个体化原理崩溃之时从人的最内在基础即天性中升起的充满幸福的狂喜，我们就瞥见了酒神的本质，把它比拟为醉乃是最贴切的。或者由于所有原始人群和民族的颂诗里都说到的那种麻醉饮料的威力，或者在春日熠熠照临万物欣欣向荣的季节，酒神的激情就苏醒了，随着这激情的高涨，主观逐渐化入浑然忘我之境。（第5页）

在酒神的魔力之下，不但人与人重新团结了，而且疏远、敌对、被奴役的大自然也重新庆祝她同她的浪子人类和解的节日。（第6页）

2

我们考察了作为艺术力量的酒神及其对立者日神，这些力量无须人间艺术家的中介,从自然界本身迸发出来。它们的艺术冲动首先在自然界里以直接的方式获得满足:一方面,作为梦的形象世界,这一世界的完成同个人的智力水平或艺术修养全然无关;另一方面,作为醉的现实,这一现实同样不重视个人的因素,甚至蓄意毁掉个人,用一种神秘的统一感解脱个人。面对自然界的这些直接的艺术状态,每个艺术家都是"模仿者",而且,或者是日神的梦艺术家,或者是酒神的醉艺术家,或者(例如在希腊悲剧中)兼是这二者。(第6—7页)

音乐似乎一向被看作日神艺术,但确切地说,这不过是指节奏的律动,节奏的造型力量被发展来描绘日神状态。日神音乐是音调的多立克式建筑术,但只是某些特定的音调,例如竖琴的音调。正是那种非日神的因素,决定着酒神音乐乃至一般音乐的特性的,如音调的震撼人心的力量,歌韵的急流直泻,和声的绝妙境界,却被小心翼翼地排除了。在酒神颂歌里,人受到鼓舞,最高度地调动自己的一切象征能力;某些前所未有的感受,如摩耶面纱的揭除,族类创造力乃至大自然创造力的合为一体,急于得到表达。(第9页)

3

希腊人知道并且感觉到生存的恐怖和可怕,为了能够活下去,他们必须在它面前安排奥林匹斯众神的光辉梦境之诞生。(第11页)

如果人生不是被一种更高的光辉所普照,在他们的众神身上显示给他们,他们能有什么旁的办法忍受这人生呢? 召

唤艺术进入生命的这同一冲动,作为诱使人继续生活下去的补偿和生存的完成,同样促成了奥林匹斯世界的诞生。(第11—12页)

只要我们在艺术中遇到"素朴",我们就应知道这是日神文化的最高效果,这种文化必定首先推翻一个泰坦王国,杀死巨怪,然后凭借有力的幻觉和快乐的幻想战胜世界静观的可怕深渊和多愁善感的脆弱天性。……荷马的"素朴"只能理解为日神幻想的完全胜利,它是大自然为了达到自己的目的而经常使用的一种幻想。……在希腊人身上,"意志"要通过创造力和艺术世界的神化作用直观自身。它的造物为了颂扬自己,就必须首先觉得自己配受颂扬。所以,他们要在一个更高境界中再度观照自己,这个完美的静观世界不是作为命令或责备发生作用。这就是美的境界,他们在其中看到了自己的镜中映象——奥林匹斯众神。(第12—13页)

4

我们不妨想象一个作梦的人,他沉湎于梦境的幻觉,为了使这幻觉不受搅扰,便向自己喊道:"这是一个梦,我要把它梦下去。"从这里我们可以推断,梦的静观有一种深沉内在的快乐。另一方面,为了能够带着静观的这种快乐做梦,就必须完全忘掉白昼及其烦人的纠缠。(第13页)

我愈是在自然界中察觉到那最强大的艺术冲动,又在这冲动中察觉到一种对于外观以及对通过外观而得解脱的热烈渴望,我就愈感到自己不得不承认这一形而上的假定:真正的

存在和太一,作为永恒的痛苦和冲突,既需要振奋人心的幻觉,也需要充满快乐的外观,以求不断得到解脱。(第14页)

在最高的艺术象征中,我们看到了日神的美的世界及其深层基础——西勒诺斯的可怕智慧,凭直觉领悟了两者的相互依存关系。然而,日神再一次作为个体化原理的神化出现在我们面前,唯有在它身上,太一永远达到目的,通过外观而得救。它以崇高的姿态向我们指出,整个苦恼世界是多么必要,个人借之而产生有解脱作用的幻觉,并且潜心静观这幻觉,以便安坐于颠簸小舟,渡过苦海。(第14—15页)

在日神式的希腊人看来,酒神冲动的作用也是"泰坦的"和"蛮夷的";同时他又不能不承认,他自己同那些被推翻了的泰坦诸神和英雄毕竟有着内在的血亲关系。他甚至还感觉到:他的整个生存及其全部美和适度,都建立在某种隐蔽的痛苦和知识之根基上,酒神冲动向他揭露了这种根基。看吧!日神不能离开酒神而生存!说到底,"泰坦"和"蛮夷"因素与日神因素同样必要!(第15页)

在这里,个人带着他的全部界限和适度,进入酒神的陶然忘我之境,忘掉了日神的清规戒律。过度显现为真理,矛盾、生于痛苦的欢乐从大自然的心灵中现身说法。无论何处,只要酒神得以通行,日神就遭到扬弃和毁灭。(第15—16页)

5

现在,我们就能根据前面阐明的审美形而上学,用下述方式解释抒情诗人。首先,作为酒神艺术家,他完全同太一及其痛苦和冲突打成一片,制作太一的摹本即音乐,倘若音乐有权被称作世界的复制和再造的话;……艺术家在酒神过程中业已放弃他的主观性。……抒情诗人的"自我"就这样从存在的深渊里呼叫;现代美学家所谓抒情诗人的"主观性"只是一个错觉。……于是,醉卧者身上酒神和音乐的魔力似乎向四周迸发如画的焰火,这就是抒情诗,它的最高发展形式被称作悲剧和戏剧酒神颂。(第18页)

雕塑家以及与之性质相近的史诗诗人沉浸在对形象的纯粹静观之中。酒神音乐家完全没有形象,他是原始痛苦本身及其原始回响。……雕塑家和史诗诗人愉快地生活在形象之中,并且只生活在形象之中,乐此不疲,对形象最细微的特征爱不释手。……与此相反,抒情诗人的形象只是抒情诗人自己,它们似乎是他本人的形形色色的客观化,所以,可以说他是那个"自我"世界的移动着的中心点。不过,这自我不是清醒的、经验现实的人的自我,而是根本上唯一真正存在的、永恒的、立足于万物之基础的自我,抒情诗天才通过这样的自我的摹本洞察万物的基础。(第18—19页)

在下述意义上艺术家是主体:他已经摆脱他个人的意志,好像变成了中介,通过这中介,一个真正的主体庆祝自己在外观中获得解脱。……我们不妨这样来看自己:对于艺术世界的真正创造者来说,我们已是图画和艺术投影,我们的最高尊严就在作为艺术作品的价值之中——因为只有作为审美现象,生存和世界才是永远有充分理由的。(第21页)

6

历史确实可以证明，民歌多产的时期都是受到酒神洪流最强烈的刺激，我们始终把酒神洪流看作民歌的深层基础和先决条件。（第22页）

且让我们把抒情诗看作音乐通过形象和概念的模仿而闪射的光芒，这样，我们就可追问："音乐在形象和概念中表现为什么？"它表现为意志（按照叔本华所赋予的含义来使用这个词），也就是表现为纯观照、无意志的审美情绪的对立面。在这里，人们或许要尽可能把本质概念同现象概念加以区分，因为音乐按照其本质不可能是意志，否则就要完全被逐出艺术领域，须知意志本身是非审美的。然而，它却表现为意志。（第23—24页）

抒情诗仍然依赖于音乐精神，正如音乐本身有完全的主权，不需要形象和概念，而只是在自己之旁容忍它们。（第24页）

7

悲剧从悲剧歌队中产生，一开始仅仅是歌队，除了歌队什么也不是。（第25页）

希腊人替歌队制造了一座虚构的自然状态的空中楼阁，又在其中安置了虚构的自然生灵。……酒神歌舞者萨提儿，在神话和崇拜的批准下，就生活在宗教所认可的一种现实中。（第27页）

酒神悲剧最直接的效果在于，城邦、社会以及一般来说人与人之间的裂痕向一种极强烈的统一感让步了，这种统一感引导人复归大自然的怀抱。在这里，我已经指出，每部真正的悲剧都用一种形而上的慰藉来解脱我们：不管现象如何变化，事物基础之中的生命仍是坚不可摧和充满欢乐的。这一个慰藉异常清楚地体现为萨提儿歌队，体现为自然生灵的歌队，这些自然生灵简直是不可消灭地生活在一切文明的背后，尽管世代更替，民族历史变迁，它们却永远存在。（第28页）

就在这里，在意志的这一最大危险之中，艺术作为救苦救难的仙子降临了。唯她能够把生存荒谬可怕的厌世思想转变为使人借以活下去的表象，这些表象就是崇高和滑稽，前者用艺术来制服可怕，后者用艺术来解脱对于荒谬的厌恶。酒神颂的萨提儿歌队是希腊艺术的救世之举。（第29页）

8

希腊人在萨提儿身上所看到的，是知识尚未制作、文化之门尚未开启的自然。因此，对希腊人来说，萨提儿与猿人不可相提并论。恰好相反，它是人的本真形象，人的最高最强冲动的表达，是因为靠近神灵而兴高采烈的醉心者，是与神灵共患难的难友，是宣告自然至深胸怀中的智慧的先知，是自然界中性的万能力量的象征。希腊人对这种力量每每心怀敬畏，惊诧注目。萨提儿是某种崇高神圣的东西，在痛不欲生的酒神气质的人眼里，他尤其必定如此。（第29页）

正如悲剧以其形而上的安慰在现象的不断毁灭中指出那

生存核心的永生一样，萨提儿歌队用一个譬喻说明了自在之物同现象之间的原始关系。……酒神气质的希腊人却要求最有力的真实和自然——他们看到自己魔变为萨提儿。（第30页）

酒神信徒结队游荡，纵情狂欢，沉浸在某种心情和认识之中，它的力量使他们在自己眼前发生了变化，以致他们在想象中看到自己是再造的自然精灵，是萨提儿。悲剧歌队后来的结构是对这一自然现象的艺术模仿。（第30页）

手持月桂枝的少女们向日神大庙庄严移动，一边唱着进行曲，她们依然故我，保持着她们的公民姓名；而酒神颂歌队却是变态者的歌队，他们的公民经历和社会地位均被忘却，他们变成了自己的神灵的超越时间、超越一切社会领域的仆人。（第32页）

魔变是一切戏剧艺术的前提。在这种魔变状态中，酒神的醉心者把自己看成萨提儿，而作为萨提儿他又看见了神，也就是说，他在他的变化中看到一个身外的新幻象，它是他的状况的日神式的完成。戏剧随着这一幻象而产生了。（第32页）

根据这一认识，我们必须把希腊悲剧理解为不断重新向一个日神的形象世界迸发的酒神歌队。……所以，戏剧是酒神认识和酒神作用的日神式的感性化，因而毕竟与史诗之间隔着一条鸿沟。（第32—33页）

我们在悲剧中看到两种截然对立的风格：语言、情调、灵活性、说话的原动力，一方面进入酒神的合唱抒情，另一方面进入日

神的舞台梦境，成为彼此完全不同的表达领域。（第34页）

9

智慧，特别是酒神的智慧，乃是反自然的恶德，谁用知识把自然推向毁灭的深渊，他必身受自然的解体。"智慧之锋芒反过来刺伤智者；智慧是一种危害自然的罪行"。（第37页）

谁懂得普罗米修斯传说的最内在核心在于向泰坦式奋斗着的个人显示亵渎之必要，谁就必定同时感觉到这一悲观观念的非日神性质。因为日神安抚个人的办法，恰是在他们之间划出界限，要求人们"认识自己"和"中庸"，提醒人们注意这条界限是神圣的世界法则。可是，为了使形式在这日神倾向中不致凝固为埃及式的僵硬和冷酷，为了在努力替单片波浪划定其路径和范围时，整个大海不致静死，酒神激情的洪波随时重新冲毁日神"意志"试图用来片面规束希腊世界的一切小堤坝。（第40页）

埃斯库罗斯的普罗米修斯的二重人格，他兼备的酒神和日神本性，或许能够用一个抽象公式来表达："一切现存的都兼是合理的和不合理的，在两种情况下有同等的权利。"（第40页）

10

我们已经具备一种深沉悲观的世界观的一切要素，以及悲剧的秘仪学说，即：认识到万物根本上浑然一体，个体化是灾祸的始因，艺术是可喜的希望，由个体化魅惑的破除而预感到统一将得以重建。（第42页）

酒神的真理占据了整个神话领域，以之作为它的认识的象征，并且部分地在悲剧的公开祭礼上，部分地在戏剧性秘仪节日的秘密庆典上加以宣说，不过始终披着古老神话的外衣。是什么力量拯救普罗米修斯于鹰爪之下，把这个神话转变为酒神智慧的凤辇？是音乐的赫刺克勒斯般的力量。当它在悲剧中达到其最高表现时，能以最深刻的新意解说神话；我们在前面已经把这一点确定为音乐的最强能力。（第42—43页）

11

现在，观众在欧里庇得斯的舞台上看到听到的其实是自己的化身，而且为这化身如此能说会道而沾沾自喜。甚至不仅是沾沾自喜，还可以向欧里庇得斯学习说话，他在同埃斯库罗斯的竞赛中，就以能说会道而自豪。如今，人民从他学会了按照技巧，运用最机智的诡辩术，来观察、商谈和下结论。通过公众语言的这一改革，他使新喜剧一般来说成为可能。因为，从此以后，世俗生活怎样和用何种格言才能在舞台上抛头露面，已经不再是秘密了。市民的平庸，乃欧里庇得斯的全部政治希望之所在，现在畅所欲言了，而从前却是由悲剧中的半神、喜剧中的醉鬼萨梯儿或半人决定语言特性的。（第45页）

12

……重新找到那作为希腊悲剧之起源和本质的二元性本身，它是日神和酒神这两种彼此交织的艺术本能的表现。（第49页）

把那原始的全能的酒神因素从悲剧中排除出去，把悲剧

完全和重新建立在非酒神的艺术、风俗和世界观基础之上——这就是现在已经暴露在光天化日之下的欧里庇得斯的意图。(第49页)

酒神已被逐出悲剧舞台,纵然是被借欧里庇得斯之口说话的一种魔力所驱逐的。欧里庇得斯在某种意义上也是面具,借他之口说话的神祇不是酒神,也不是日神,而是一个崭新的灵物,名叫苏格拉底。这是新的对立,酒神精神与苏格拉底精神的对立,而希腊悲剧的艺术作品就毁灭于苏格拉底精神。(第50页)

倘若戏剧不是孕育于音乐的怀抱,诞生于酒神的扑朔迷离之中,它此外还有什么形式?只有戏剧化的史诗罢了。在此日神艺术境界中,当然达不到悲剧的效果。(第51页)

欧里庇得斯的戏剧是一种又冷又烫的东西,既可冻结又可燃烧。它一方面尽其所能地摆脱酒神因素,另一方面又无能达到史诗的日神效果。因此,现在为了一般能产生效果,就需要新的刺激手段,这种手段现在不再属于两种仅有的艺术冲动即日神冲动和酒神冲动的范围。它即是冷漠悖理的思考(取代日神的直观)和炽烈的情感(取代酒神的兴奋),而且是维妙维肖地伪造出来的、绝对不能进入艺术氛围的思想和情感。(第51—52页)

我们现在就可以接近审美苏格拉底主义的实质了,其最高原则大致可以表述为"理解然后美",恰与苏格拉底的"知识即美德"彼此呼应。欧里庇得斯手持这一教规,衡量戏剧的每

种成分——语言,性格,戏剧结构,歌队音乐;又按照这个原则来订正它们。(第 52 页)

13

在一切创造者那里,直觉都是创造和肯定的力量,而知觉则起批判和劝阻的作用;在苏格拉底,却是直觉从事批判,知觉从事创造——真是一件赤裸裸的(per defectum)大怪事!(第 57 页)

14

这里,哲学思想生长得高过艺术,迫使艺术紧紧攀援辩证法的主干。日神倾向在逻辑公式主义中化为木偶,一如我们在欧里庇得斯那里看到相似情形,还看到酒神倾向移置为自然主义的激情。苏格拉底,柏拉图戏剧中的这位辩证法主角,令我们想起欧里庇得斯的主角的相同天性,他必须用理由和反驳为其行为辩护,常常因此而有丧失我们的悲剧同情的危险。因为谁能无视辩证法本质中的乐观主义因素呢? 它在每个合题中必欢庆自己的胜利,只能在清晰和自觉中呼吸自如。这种乐观主义因素一度侵入悲剧,逐渐蔓延覆盖其酒神世界,必然迫使悲剧自我毁灭——终于纵身跳入市民剧而丧命。我们只要清楚地设想一下苏格拉底命题的结论:"知识即美德;罪恶仅仅源于无知;有德者即幸福者"——悲剧的灭亡已经包含在这三个乐观主义基本公式之中了。因为现在道德主角必须是辩证法家,现在在德行与知识、信念与道德之间必须有一种必然和显然的联结,现在埃斯库罗斯的超验的公正解决已经沦为"诗的公正"这浅薄而狂妄的原则,连同它惯用的神机妙算(deus ex machina)("神机妙算"应译为"机械降神"——引者)。(第59—60页)

乐观主义辩证法扬起它的三段论鞭子,把音乐逐出了悲剧。也就是说,它破坏了悲剧的本质,而悲剧的本质只能被解释为酒神状态的显露和形象化,为音乐的象征表现,为酒神陶醉的梦境。(第61页)

15

……有一种深刻的妄念,最早表现在苏格拉底的人格之中,那是一种不可动摇的信念,认为思想循着因果律的线索可以直达存在至深的深渊,还认为思想不仅能够认识存在,而且能够修正存在。这一崇高的形而上学妄念成了科学的本能,引导科学不断走向自己的极限,到了这极限,科学必定突变为艺术——原来艺术就是这一力学过程所要达到的目的。(第63页)

现在,我们在这一思想照耀下来看一看苏格拉底,我们就发现,他是第一个不仅能遵循科学本能而生活,更有甚者,而且能循之而死的人。(第64页)

16

悲剧必定随着音乐精神的消失而灭亡,正如它只能从音乐精神中诞生一样。(第66页)

与所有把一个单独原则当作一切艺术品的必然的生命源

泉,从中推导出艺术来的人相反,我的眼光始终注视着希腊的两位艺术之神日神和酒神,认识到他们是两个至深本质和至高目的皆不相同的艺术境界的生动形象的代表。在我看来,日神是美化个体化原理的守护神,唯有通过它才能真正在外观中获得解脱;相反,在酒神神秘的欢呼下,个体化的魅力烟消云散,通向存在之母、万物的核心的道路敞开了。(第66—67页)

酒神艺术往往对日神的艺术能力施加双重影响:音乐首先引起对酒神普遍性的譬喻性直观,然后又使譬喻性形象显示出最深长的意味。从这些自明的,但未经深究便不可达到的事实中,我推测音乐具有产生神话即最意味深长的例证的能力,尤其是产生悲剧神话的能力。神话在譬喻中谈论酒神认识。关于抒情诗人的现象,我已经叙述过:音乐在抒情诗人身上如何力求用日神形象来表现它的本质。(第70页)

只有从音乐精神出发,我们才能理解对于个体毁灭所生的快感。因为通过个体毁灭的单个事例,我们只是领悟了酒神艺术的永恒现象,这种艺术表现了那似乎隐藏在个体化原理背后的全能的意志,那在一切现象之彼岸的历万劫而长存的永恒生命。对于悲剧性所生的形而上快感,乃是本能的无意识的酒神智慧向形象世界的一种移置。悲剧主角,这意志的最高现象,为了我们的快感而遭否定,因为他毕竟只是现象,他的毁灭丝毫无损于意志的永恒生命。悲剧如此疾呼:"我们信仰永恒生命。"音乐便是这永恒生命的直接理念。(第70—71页)

　　酒神艺术也要使我们相信生存的永恒乐趣，不过我们不应在现象之中，而应在现象背后，寻找这种乐趣。我们应当认识到，存在的一切必须准备着异常痛苦的衰亡，我们被迫正视个体生存的恐怖——但是终究用不着吓瘫，一种形而上的慰藉使我们暂时逃脱世态变迁的纷扰。我们在短促的瞬间真的成为原始生灵本身，感觉到它的不可遏止的生存欲望和生存快乐。现在我们觉得，既然无数竞相生存的生命形态如此过剩，世界意志如此过分多产，斗争、痛苦、现象的毁灭就是不可避免的。正当我们仿佛与原始的生存狂喜合为一体，正当我们在酒神陶醉中期待这种喜悦常驻不衰，在同一瞬间，我们会被痛苦的利刺刺中。纵使有恐惧和怜悯之情，我们仍是幸运的生者，不是作为个体，而是众生一体，我们与它的生殖欢乐紧密相连。（第71页）

　　因为神话想要作为一个个别例证，使那指向无限的普遍性和真理可以被直观地感受到。真正的酒神音乐犹如世界意志的这样一面普遍镜子置于我们之前，每个直观事件折射在镜中，我们感到它立即扩展成了永恒真理的映象。（第74页）

　　如果我们注意到，自索福克勒斯以来，悲剧中的性格描写和心理刻划在不断增加，我们就从另一个方面看到这种反对神话的非酒神精神的实际力量了。性格不再应该扩展为永恒的典型，相反应该通过人为的细节描写和色调渲染，通过一切线条纤毫毕露，个别地起作用，使观众一般不再感受到神话，

而是感受到高度的逼真和艺术家的模仿能力。（第74页）

现在，音乐的创造精神既已从悲剧中消失，严格地说，悲剧已经死去，因为人们现在还能从何处吸取那种形而上的慰藉呢？于是，人们就寻求悲剧冲突的世俗解决，主角在受尽命运的折磨之后，终于大团圆或宠荣加身，得到了好报。悲剧英雄变成了格斗士，在他受尽摧残遍体鳞伤之后，偶尔也恩赐他自由。神机妙算（deus ex machina）（"神机妙算"应译为"机械降神"——引者）取代了形而上的慰藉。（第75页）

18

一种人被苏格拉底式的求知欲束缚住，妄想知识可以治愈生存的永恒创伤；另一种人被眼前飘展的诱人的艺术美之幻幕包围住；第三种人求助于形而上的慰藉，相信永恒生命在现象的旋涡下川流不息，他们借此对意志随时准备好的更普遍甚至更有力的幻象保持沉默。一般来说，幻象的这三个等级只属于天赋较高的人，他们怀着深深的厌恶感觉到生存的重负，于是挑选一种兴奋剂来使自己忘掉这厌恶。我们所谓文化的一切，就是由这些兴奋剂组成的。按照调配的比例，就主要地是苏格拉底文化，或艺术文化，或悲剧文化。如果乐意相信历史的例证，也可以说是亚历山德里亚文化，或希腊文化，或印度（婆罗门）文化。（第76页）

一种文化随着这种认识应运而生，我斗胆称之为悲剧文化。这种文化最重要的标志是，智慧取代科学成为最高目的，它不受科学的引诱干扰，以坚定的目光凝视世界的完整图景，

以亲切的爱意努力把世界的永恒痛苦当作自己的痛苦来把握。（第 78 页）

19

我们今日称作文化、教育、文明的一切,总有一天要带到公正的法官酒神面前。（第 86 页）

今日我们正经历着悲剧的再生。（第 87 页）

20

悲剧端坐在这洋溢的生命、痛苦和快乐之中,在庄严的欢欣之中,谛听一支遥远的忧郁的歌,它歌唱着万有之母,她们的名字是:幻觉,意志,痛苦。——是的,我的朋友,和我一起信仰酒神生活,信仰悲剧的再生吧。（第 89 页）

21

这里,在我们最高的音乐兴奋和音乐之间,插入了悲剧神话和悲剧英雄,它们实质上不过是唯有音乐才能直接表达的那最普遍事实的譬喻。但是,倘若我们作为纯粹酒神式生灵来感受,神话作为譬喻就完全不知不觉地停留在我们身旁,一刻也不会妨碍我们倾听先于事物的普遍性（universalia ante rem）的回响。但这里终究爆发了日神的力量,用幸福幻景的灵药使几乎崩溃的个人得到复元。（第 92 页）

音乐是世界的真正理念,戏剧只是这一理念的反光,是它的个别化的影象。（第 94 页）

悲剧中的日神因素以它的幻景完全战胜了音乐的酒神元素，并利用音乐来达到它的目的，即使戏剧获得最高的阐明。当然，必须加上一个极其重要的补充：在最关键的时刻，这种日神幻景就会遭到破灭。由于全部动作和形象都从内部加以朗照阐明，凭借音乐的帮助，戏剧便在我们眼前展开，宛如我们目睹机杼上下闪动，织出锦帛，于是戏剧作为整体达到了一种效果，一种在一切日神艺术效果彼岸的效果。在悲剧的总效果中，酒神因素重新占据优势；悲剧以一种在日神艺术领域里闻所未闻的音调结束。日神幻景因此露出真相，证明它在悲剧演出时一直遮掩着真正的酒神效果。但是，酒神效果毕竟如此强大，以致在终场时把日神戏剧本身推入一种境地，使它开始用酒神的智慧说话，使它否定它自己和它的日神的清晰性。所以，悲剧中日神因素和酒神因素的复杂关系可以用两位神灵的兄弟联盟来象征：酒神说着日神的语言，而日神最终说起酒神的语言来。这样一来，悲剧以及一般来说艺术的最高目的就达到了。（第95页）

22

酒神魔力看来似乎刺激日神冲动达于顶点，却又能够迫使日神力量的这种横溢为它服务。悲剧神话只能理解为酒神智慧借日神艺术手段而达到的形象化。（第96页）

23

没有神话，一切文化都会丧失其健康的天然创造力。唯有一种用神话调整的视野，才把全部文化运动规束为统一体。

一切想象力和日神的梦幻力，唯有凭借神话，才得免于漫无边际的游荡。（第100页）

为了澄清我们的美学认识，我们迄今已经向他们借来了两位神灵形象，其中每位统辖着一个单独的艺术领域，而且凭借希腊悲剧，我们预感到了它们的互相接触和鼓舞。在我们看来，这两种艺术原动力引人注目地彼此扯裂，导致了希腊悲剧的衰亡。（第101页）

24

在音乐悲剧所特有的艺术效果中，我们要强调日神幻景，凭借它，我们可以得免于直接同酒神音乐成为一体，而我们的音乐兴奋则能够在日神领域中，依靠移动于其间的一个可见的中间世界得到宣泄。可是，我们以为自己看到，正是通过这种宣泄，剧情的中间世界以及整个戏剧才由里向外地变得清晰可见，明白易懂，达到其他一切日神艺术不可企及的程度。所以，当我们看到这个中间世界仿佛音乐的精神轻盈升举，便不得不承认，它的力量获得了最大提高，因而无论日神艺术还是酒神艺术，都在日神和酒神的兄弟联盟中达到了自己的最高目的。（第103—104页）

悲剧神话具有日神艺术领域那种对于外观和静观的充分快感，同时它又否定这种快感，而从可见的外观世界的毁灭中获得更高的满足。（第104页）

只有作为一种审美现象，人生和世界才显得是有充足理由的。在这个意义上,悲剧神话恰好要使我们相信,甚至丑与不和谐也是意志在其永远洋溢的快乐中借以自娱的一种审美游戏。(第105页)

25

音乐和悲剧神话同样是一个民族的酒神能力的表现,彼此不可分离。两者都来自日神领域彼岸的一个艺术领域。两者都美化了一个世界,在其快乐的和谐中,不谐和音和恐怖的世界形象都神奇地消逝了。两者都信赖自己极其强大的艺术魔力,嬉戏着痛苦的刺激。两者都用这游戏为一个哪怕"最坏的世界"的存在辩护。在这里,酒神因素比之于日神因素,显示为永恒的本原的艺术力量,归根到底,是它呼唤整个现象世界进入人生。在人生中,必须有一种新的美化的外观,以使生气勃勃的个体化世界执着于生命。我们不妨设想一下不谐和音化身为人——否则人是什么呢?——那么这个不谐和音为了能够生存,就需要一种壮丽的幻觉,以美的面纱遮住它自己的本来面目。这就是日神的真正艺术目的。(第107—108页)

况且,一切存在的基础,世界的酒神根基,它们侵入人类个体意识中的成分,恰好能够被日神美化力量重新加以克服。所以,这两种艺术冲动,必定按照严格的相互比率,遵循永恒公正的法则,发挥它们的威力。酒神的暴力在何处如我们所体验的那样汹涌上涨,日神就必定为我们披上云彩降落到何处。(第108页)

后 记

本来不打算写后记,但想了一下,虽然这只是个导读,但也算是我人生中第一次出书,那就还是写一个吧。

其实我很长一段时间都没想过去写书,这本书的完成,得益于潘知常老师的抬爱,把它作为"西方生命美学经典名著导读丛书"之一种,并在潘老师的不断督促下才得以最终完成的。原先定的标准是每本导读书字数十万字,但写着写着,一不小心就超标了。

我现在很难轻易鼓起勇气去写书,原因有几点,一是我有一个偏见,即认为写书都是比较"水"的,因为很少有东西值得用一整本书的篇幅去写它,很多时候,一篇论文或一段文字或三言两语就能把一个问题说清楚,就没必要去搞更多的文字了,文字太多对人类文明也是一个负担。二是随着年纪越来越大,实在是熬不了夜了。我写东西总是要熬夜的,晚上写的时候外面很安静,更容易进入思考的状态,的确体验感是较好的,但是第二天对我基本上是生无可恋的感觉,觉得整个世界都是灰暗的,所以我一般不敢熬夜。再加上现在得了较严重的颈椎病,坐在电脑面前时间一长,疼得不得了,实在不敢轻易面对电脑。

接到了潘知常老师的交代之后,我就着手进入尼采著作的阅读，《悲剧的诞生》之前自然是读过的，但我认为做一个《悲剧的诞生》的导读，光读一本《悲剧的诞生》又显然是不够的，所以想着多读一点尼采以及国内外对尼采的研究，然后再来写，但读着读着，心里就有了焦虑和失落的情绪，因为觉得很多东西别人都已经说过了，资料太多我也不可能真的通读完，以我自己的能力没有办法完整地把握尼采那汪洋恣肆的思想。但是后来一想，既然接了这个任务，总得完成吧，君子一诺千金嘛，写到目前这个样子，当然很不成熟，但还是克服了很多的心理障碍的。

其实，我对学术有一个基本的自我定位，即我并不想成为一个所谓的"著作等身"的专家，人的一辈子很短暂，在有限的学术生涯中，能够写出一两篇令自己满意的文章或一本令自己满意的专著就很了不起了，所以我在美学界的偶像一直是宗白华。但我当然不奢望我自己能写出像宗先生那样传世的美学名作了，在我这一辈子，如果能够写出一本受读者欢迎并能一版再版的书，我就会很满意了。我现在写的这个导读，显然还离这个目标很远，写成现在这个样子其实我自己都不甚满意，因为我对尼采的阅读和理解还不是很到位，而我自己本身也并不是一个尼采专家，对我而言，相当于是以一个外行人的身份来写这本书的。虽然在本书中只是切入了美学这样一个很小的角度，但错误肯定还是在所难免的，假如哪个尼采专家看到和发现了其中的错误，敬请批评指正，也敬请见谅。我的这个导读对整个的尼采研究事业来说，连做垫脚石的资格其实都没有，所以只能期待后续的更好更权威的真正能够称得上专业的"尼采研究"的《悲剧的诞生》的导读出现，这也会弥补我自己的缺憾。

这本小书，如果说还算有点新意的地方的话，就是我把尼采美学定位为一种"未来美学"，此"未来美学"也就是我在书中反复论证的一种"未来的后形而上学的生命主义的美学"。在检阅和翻读尼采著作的过程中，发现"未来"是其中出现频率颇高的一个词，后来又想到《善与恶的彼岸》的副标题本来就是"未来哲学序曲"，所以我在写作中干脆直接把尼采的美学也定位为一种"未来美学"。这种说法当然也算不上无的放矢，因为在尼采著作中确实有此思想倾向，也多有论述。在阅读尼采著作的时候，我甚至产生了一个冲动，即我很想把尼采著作中跟"未来"有关的论述集合起来，编一本"尼采未来哲学和美学观点汇编"之类的书，如果有哪个出版社愿意出一本这样的书，我还真是愿意干这件事，但这恐怕是个空想吧？！人嘛，梦还是要做的。

这本书的完成，首先要归功于潘知常老师，没有潘老师的接纳和督促，就不可能有这本书的出现，感谢潘老师让我去完成其所谓的作为"生命美学的导师"的尼采的《悲剧的诞生》的这本导读。我的这本小书对于尼采研究来说什么也算不上，但是至少让我通过尼采见证了生命美学在当代中国的传承。

在这本书完成的过程中，我邀请了我的两位研究生学生王莹雪和许家媛来一起完成此项工作，其中许家媛负责"日神精神""悲剧中的生命意志：日神与酒神的张力与融合""《悲剧的诞生》论点撷英"等三个部分，王莹雪负责"瓦格纳与尼采悲剧观的形成""酒神精神"等两个部分。在写作过程中，她们认真负责，付出了辛勤的劳动，从最终的成果来看，她们基本上贯彻了我的写作意图,达到了预期的目标,在此感谢她们的辛勤付出。

此外,还要感谢众多的尼采作品翻译家,感谢国内外的许许多多的尼采研究专家,是他们的翻译和研究,为本导读的完成奠定了坚实的基础。感谢那些一直支持我的工作的学界前辈和师友,感谢我的家人,正是有他们的支持,在这新冠病毒仍在肆虐的今天,我感受到了一点世间的温暖。

2022 年是尼采诞辰 178 周年,是其逝世 122 周年,是《悲剧的诞生》发表 150 周年。尼采虽然远离我们一百多年了,但其在一百多年前所倡导的彰显人的强烈生命意志的悲剧精神,他所疾呼的对颓废主义、悲观主义、虚无主义的抵抗和横扫,在目前"内卷""躺平""丧文化"等观念盛行的今天,仍然有其重要的意义。本书有幸再一次见证了尼采在整整 150 年前所发出的那声呐喊。

人生很短,但又很长,人世间总是充满各种疾病困苦,难得的是人能够始终保持一种像尼采所提倡的那样一种"乐天""快乐"的心情,永远葆有蓬勃的生命意志。在为本书敲下最后一个字符的时候,电视里正播放着阿根廷夺得历史上第三座大力神杯的激动人心的画面,网络上一片欢腾,到处是激动的呐喊,也可以说,足球之夜见证了拙作的完成,而拙作正也见证了足球世界杯的历史。人们为什么那么爱足球?因为那代表着青春、力量、拼搏、热血,代表着永不服输、永不言败的精神,用尼采的话说,这正是生命意志的体现。其实,在我的眼中,胜利者既不完全是阿根廷,当然也不完全是法国,而是足球本身的胜利,当大家一起参与这项游戏并遵守其规则的时候,也就代表大家愿意服从足球的"统治",每当大家站在绿茵场上的时候,是足球仿佛在"命令"着我们不断地去拼抢、传球、射门。当然,我们也可以反过来说,足球的胜利也是我们的胜利,是每一位参与足球这项运动的人的胜利,它既包括足球运动员,也包括我们每一位看球的观众,每一位为梅西而激动的路人。在我看来,信奉一种如上所述的足球哲学与信奉尼采的生命意志论哲学其实是一致的,因为它们都是代表着一种青春的美学。"然而,还有什么比心情愉快更为必要的呢? 没有纵情欢乐的成分,一事无成。力的满溢才是力的证明。"(尼采《偶像的黄昏》)愿我们大家永远"青春"!

2022 年 12 月 20 日记于广州塔下